矿物复合材料的制备

陈宇昕　著

北　京
冶　金　工　业　出　版　社
2024

内 容 提 要

本书系统介绍了采用材料化冶金的方法处理白云鄂博矿的最新技术。全书共8章，第1~3章主要对材料化冶金、实验方法进行介绍；第4~7章对白云鄂博矿物材料的合成、物相形成规律及增强机制进行了系统性分析；第8章对全书进行总结并做展望。本书可为从事矿物资源化利用研究的读者提供参考和借鉴。

本书可供冶金、材料及矿物加工领域的工程技术人员和研究人员阅读，也可作为冶金、材料及矿物加工专业的大专院校师生用书。

图书在版编目(CIP)数据

矿物复合材料的制备/陈宇昕著．—北京：冶金工业出版社，2024.4
ISBN 978-7-5024-9801-6

Ⅰ.①矿…　Ⅱ.①陈…　Ⅲ.①矿物—复合材料—材料制备　Ⅳ.①P57

中国国家版本馆 CIP 数据核字(2024)第 060624 号

矿物复合材料的制备

出版发行	冶金工业出版社	**电　　话**	(010)64027926
地　　址	北京市东城区嵩祝院北巷 39 号	**邮　　编**	100009
网　　址	www.mip1953.com	**电子信箱**	service@mip1953.com

责任编辑　夏小雪　美术编辑　吕欣童　版式设计　郑小利
责任校对　李欣雨　责任印制　窦　唯
北京印刷集团有限责任公司印刷
2024 年 4 月第 1 版，2024 年 4 月第 1 次印刷
710mm×1000mm　1/16；8.5 印张；146 千字；127 页
定价 55.00 元

投稿电话　(010)64027932　投稿信箱　tougao@cnmip.com.cn
营销中心电话　(010)64044283
冶金工业出版社天猫旗舰店　yjgycbs.tmall.com
(本书如有印装质量问题，本社营销中心负责退换)

前　言

白云鄂博矿是一个巨大的天然宝藏，但目前对于白云鄂博矿物的利用仍然以传统选矿-冶金的方式为主，造成矿物资源利用率较低且缺乏高附加值的技术及产品。例如，在选矿过程中未利用的稀土、氟、磷等元素进入尾矿中堆存而造成严重浪费，铁精矿中的稀土、锰进入高炉渣堆存。此外，球团烧结、稀土精矿分解的各个环节中，"三废"问题无法得到有效解决，对环境造成严重的污染。近年来，随着材料化冶金研究的深入，科研工作者对利用矿物直接制备复合材料进行了大量的研究，结果表明这种方式是一种矿物利用的新型方式。因此，面对白云鄂博矿如此丰富的资源和可持续发展战略的推进，有必要开发一种白云鄂博矿物综合利用的新方法，对清洁、高值化利用白云鄂博矿物具有重要意义。本书以白云鄂博铁精矿为主要原料，结合我国的矿物优势，加入部分铝土矿作为陶瓷相，首次以矿物为主要原料利用碳热还原法直接制备高性能 $Fe-Al_2O_3$ 复合材料。本书对该方法的还原过程、工艺条件进行了深入的研究，探索了制备 $Fe-Al_2O_3$ 复合材料的最佳工艺条件及矿物中微量元素对材料结构和性能的影响机理。

本书介绍了利用白云鄂博矿物合成复合材料的工艺路线及技术方法，并在此基础上，重点阐述了矿物中所含有的微量元素对材料结构形成及力学性能的影响，从而为冶金工程、材料科学与工程专业的技术人员、本科生及研究生提供一本矿物综合利用新思路的参考书。对于书中所涉及的材料学、物理化学等基础理论知识，本书不再重复介绍，主要介绍这些理论在矿物综合利用方面的应用。本书力求内容系统、图文结合，突出新思路，理论性与实用性并举。

全书共8章。第1章绪论。第2章介绍了白云鄂博矿物的应用现状及存在的问题，同时，综合评述了采用钛铁矿、铝土矿直接合成复合材料的研究方法及研究进展。第3章介绍了本书中所采用的合成方法及表征方法。第4章介绍了热力学计算方法及在复合材料合成中的应用，同时，介绍了复合材料结构形成的基础理论。第5章介绍了复合材料制备过程及强韧化理论在矿物复合材料中的应用。第6章和第7章重点介绍了矿物中所含有微量元素的存在形式及对复合材料的作用机理。第8章对全书进行了总结并对未来进行了展望。

本书的出版得到了内蒙古自然科学基金和内蒙古优秀博士后项目基金的资助，在此表示衷心的感谢。本书在撰写过程中，参考了有关文献资料，在此向文献资料的作者表示感谢。

由于作者水平所限，书中难免存在疏漏与不妥之处，敬请广大读者批评指正。

作 者

2024年1月

目　　录

1 绪　论

白云鄂博矿作为我国独有的多金属共生矿物，由于其化学成分复杂、利用难度大，受到国内外大量研究者的关注。然而，采用传统的选矿+冶金的方式处理白云鄂博矿造成资源浪费严重，环境问题突出等弊端。目前，随着材料化冶金研究的深入，其他类型的矿物也迎来了新型、绿色的利用方式。例如，利用钛铁矿制备 Fe-TiC 复合材料[1]，利用铝土矿制备 Al_2O_3 复合陶瓷[2]或者 Al-Si 合金[3]等。这些研究充分说明了经过简单处理的矿物完全可以作为制备复合材料的原材料，而这样的矿物利用方式可以大大缩短材料的制备流程、提升产品的附加值，同时可以解决一部分环境污染问题。

众所周知，氧化铝陶瓷是一种应用非常广泛的结构材料，氧化铝陶瓷不仅具有较高熔点和较高硬度这些物理性优点，同时也具有耐腐蚀性良好等化学性优点。更重要的是氧化铝的储量丰富，生产设备简单、工艺流程稳定，生产成本低[4,5]。氧化铝陶瓷的应用也比较广泛，可以应用于切削刀具、机械密封部件、耐磨零件及航空航天等众多领域[6-9]。因此，众多研究者展开了对氧化铝陶瓷制备、性能及应用方面的研究，近 20 年来氧化铝陶瓷在制备及应用方面发展速度较快。尽管氧化铝陶瓷具有优异的力学性能，但由于其固有缺陷如韧性低、脆性大限制了 Al_2O_3 陶瓷的应用[10-13]。因此，各国研究者针对氧化铝陶瓷的增韧方式及增韧效果开展了大量的工作，也取得了显著的效果。从韧化陶瓷的显微组织形成方式上看，主要有晶须增韧、自增韧、相变增韧及颗粒弥散增韧[14]。其中，颗粒弥散增韧被证明是一种很有前途的增韧方法，其主要原理为将具有延展性的金属颗粒加入脆性陶瓷中，在改善复合材料烧结性能的同时以不同的方式阻碍裂纹的扩展[15]。因此，几十年来 Al_2O_3/金属复合材料的发展一直备受关注。一般的 Al_2O_3/金属复合材料引入的金属粒子为 Ni、W、Mo、Ti 等金属[16-19]，可使氧化铝陶瓷的性能有不同程度的提高，如利用常压烧结制备的 Ti-Al_2O_3 复合材料的抗折强度为 160 MPa[20]，利用热压烧结制备的 Al_2O_3-W-Mo-Cr 复合材料的抗折强度可以达到 560 MPa[21]，但引入的金属第二相一般较为昂贵，使复合材料的制备成本较高。因此，本书采用廉价且易得的金属 Fe 作为氧化铝陶瓷的增韧相，制备 $Fe-Al_2O_3$ 复合材料。

制备金属-陶瓷复合材料的传统方式是以纯度较高的粉末作为原料，采用分步法进行，这样会造成能源消耗高，同时复合材料界面在粉末烧结的过程中容易受到污染而影响复合材料的性能。近年来，一条新的可持续发展思路是以天然矿物为原料制备陶瓷材料，探索一条矿物低成本高值化利用的新思路[22]。如许多国内外研究者利用还原能力较强的 C、Al、Mg、Ca 等还原天然钛铁矿制备 Fe-TiC、Fe-Ti(C,N)、$Fe-TiC-Al_2O_3$ 等不同体系的复合材料。利用天然矿物作为主要原料，采用反应和烧结一体的方法复合材料，可以为矿物的利用提供新的思路，也可以为复合材料的开发提供新的途径[23,24]。

白云鄂博矿是一个天然的宝藏，蕴含大量的有价元素，而目前的工艺主要针对铁元素及部分稀土元素进行利用，并未发挥白云鄂博矿的全部价值。因此，寻找一种综合利用白云鄂博矿物的新途径势在必行。经过磁选后的白云鄂博矿具有较高品位的铁氧化物，可以作为制备 $Fe-Al_2O_3$ 复合材料中 Fe 的来源。铝土矿作为天然的氧化铝矿物广泛存在于自然界中，优质等级的铝土矿含 Al_2O_3 高达 85%以上。其余 SiO_2、TiO_2 等杂质可以作为氧化铝烧结的天然助剂，可有效地降低烧结温度及材料气孔率，提升材料的性能。目前，铝土矿仅作为提取氧化铝或者作为制备耐火材料的原料。因此，本书利用铝土矿作为部分氧化铝的来源，制备 $Fe-Al_2O_3$ 复合材料。在对还原过程深入研究的基础之上，探讨还原剂配入量及铝土矿的添加量对复合材料结构和性能的影响并得到最佳的工艺条件。最后，对稀土氧化物的影响规律进行研究，初步得到利用矿物制备 $Fe-Al_2O_3$ 复合材料的基础配方及工艺条件。

2 矿物制备复合材料及其研究进展

2.1 白云鄂博矿及应用现状

2.1.1 白云鄂博矿概述

白云鄂博矿床是我国最大的综合性矿床，也是我国特有的铁-稀土-铌等多金属共生矿床，位于内蒙古自治区包头市北 135 km 处。白云鄂博矿是一座蕴含大量铁矿石的矿床，同时含有的稀土资源储量位居世界第一。白云鄂博矿中的铌和钍资源储量也很大，其储量世界第二[25]。同时，白云鄂博矿的特点十分明显，可以概括为四大特点："多、贫、细、杂"。目前，白云鄂博矿床中发现了稀土、铁、铌、钠、锰、钙、磷、硅、钛、钡、镁、硫和氟等 70 多种元素[26]，这些元素是白云鄂博矿床成矿的主要元素。白云鄂博矿物的主要成分波动范围及平均含量见表 2-1，主要元素含量变化波动较大的主要原因是矿床形成的地质条件因素及后期开采深度的变化。

表 2-1 白云鄂博矿中主要元素含量

组分	含量/%		组分	含量/%	
	范围	平均值		范围	平均值
TFe	20~62	34.70	F	1~20	6.70
FeO	0.3~18	9.60	P	0.1~2	0.88
RE_2O_3	1~20	5.60	S	0.1~2.5	1.40
Nb_2O_5	0.05~1	0.13	K_2O+Na_2O	0.2~5	0.80
Mn	0.1~5	1.34	ThO_2	0.03~0.05	0.04
TiO_2	0.1~0.8	0.52	$(CaO+MgO)/(SiO_2+Al_2O_3)$	0.5~9.4	>1.20

白云鄂博矿主要元素在不同类型的矿石中含量有较大差别。按照矿物类型来

看，块状矿石的含铁量一般比较高，平均可以达到52%左右，条带状矿石中一般稀土和铌的含量比较高，而钾、钠和硅主要赋存在霓石型铁矿石中。从矿床区位来看，主、东矿萤石型铁矿石中铌、氟和磷的含量较高；而西矿中的稀土、铌、氟和磷的含量普遍较低。白云鄂博矿中的稀土元素主要以轻稀土元素为主，其中La、Ce、Pr、Nd四种元素占白云鄂博矿石总稀土含量的97%以上。目前，对于白云鄂博矿资源的勘探发现，查明的铁矿石储量接近15亿吨，稀土矿储量接近2亿吨，铌矿的远景储量为660万吨，萤石矿的远景储量超过1亿吨。表2-2[27]为白云鄂博矿主要矿产资源及其储量。

表2-2　白云鄂博矿主要矿产资源及其储量

矿产种类	查明资源储量/亿吨	保有资源储量/亿吨	潜力预测资源储量/亿吨	估计资源储量/亿吨
铁矿	14.68	12.27	4.05	20.33
稀土矿	1.80	1.59	2.35	—
铌矿	0.032	0.0278	—	0.066
钾矿	—	—	—	16.74
钍矿	—	—	—	0.0104
萤石矿	—	—	—	1.30

2.1.2　白云鄂博矿利用

2.1.2.1　白云鄂博矿选矿-冶炼工艺

由于白云鄂博矿物“多、贫、细、杂”的特点，同时许多矿物的物理化学性质接近，造成矿物分离的困难。为了对白云鄂博矿进行合理的利用，众多科研单位对白云鄂博矿物中有价元素展开综合利用的研究[28]。

A　磁化焙烧—弱磁选—反浮选工艺

磁化焙烧是将铁矿石在适宜的还原气氛、适宜的温度下进行焙烧，进而使弱磁性的铁氧化物还原为强磁性的铁氧化物以提高分选性[29]。苏联科研工作者在20世纪50年代曾针对白云鄂博矿的特点，研发了磁化焙烧—弱磁选—反浮选工艺。该工艺较为适合当时对白云鄂博矿物的利用思路，因此应用在包钢选矿厂，年处理矿石500万吨以上[30]。

B　弱磁—浮选—强磁选工艺

为对白云鄂博矿物实现综合利用，在20世纪60年代末，北京矿冶研究总院的科研工作者针对白云鄂博矿物的特点，开发了弱磁—浮选—强磁选工艺流程。该工艺首先采用弱磁将含铁矿物选出，弱磁尾矿浮选出稀土和萤石，浮选尾矿强磁选铁矿石[31]。

C 浮选—选择性絮凝脱泥工艺

1977年开始，北京矿冶研究总院和包头稀土研究院共同研究开发了该工艺。优先选出稀土和萤石，有利于提高铁品位。但在工业化实验中仍然有部分问题未解决，例如粗磨和细磨工序无法完美匹配、较大的用水量及混合泡沫脱药效果不理想等[32,33]。

D 优先联合选矿工艺

20世纪80年代，德国卡哈德公司和包钢矿山研究所联合共同研究了优先联合选矿工艺。该工艺虽然在实验室取得了较好的实验效果，但由于该工艺严格的入料粒度要求，并且选矿工艺复杂，并没有在工业上大规模应用。

E 弱磁—强磁—浮选工艺

以余永富院士为首的研究团队在1979年针对白云鄂博矿新的选矿工艺流程进行了大量研究。研究发现，对于白云鄂博矿的综合利用，采用弱磁—强磁—浮选工艺为最合理的选矿工艺。该工艺为综合利用白云鄂博矿创造了可观的经济效益，它是目前我国处理白云鄂博矿的主要工艺流程[34,35]。

由于白云鄂博矿物的元素品位低，矿物成分复杂，共生关系密切，嵌布粒度细且不均匀及矿石类型多等特点，因此该矿物是一种非常难处理的复杂难选矿。目前，白云鄂博矿物利用最成熟、最主流的方式为传统的烧结-高炉工艺。但由于白云鄂博矿鲜明的特点，造成其利用相对困难。例如在烧结过程中，由于矿物的粒度细，所以后期烧结后的球团矿质量不理想。而在高炉的利用过程中，由于矿物中含有F、Na、K等有害元素导致高炉利用系数较低[36,37]。此外，从可持续发展角度来看，目前的利用方式并不能对矿物中有价元素做到有效利用，例如在包钢高炉渣中仍然含有4%的稀土氧化物和约0.04%氧化钍。而这些含稀土的高炉渣，只有小部分用于制取稀土中间合金，而其余大部分则堆存废弃，不仅造成资源浪费，而且还污染环境[38,39]。

2.1.2.2 白云鄂博矿高炉直接冶炼工艺

针对白云鄂博矿多金属共生的特性，早期也有一些科研工作者试图采用直接冶炼的方式利用这种特殊的矿物。20世纪80年代，曾有研究者提出采用高炉直接冶炼的方式处理白云鄂博矿，采用这种方式无须对稀土氧化物进行预先分离[40]。其主要思路是将未分离的含铁、含稀土矿物投入高炉中进行冶炼。经过冶炼后，Nb 及 P 全部进入生铁中，而稀土则全部富集于高炉渣中。但结果发现，稀土并不能按照预先设计的思路全部进入渣相，另外，Mn、Nb、Ti 等元素则是依据冶炼条件的不同在渣金中分配。造成该工艺的可控性差，产品化学成分差别较大。因此，该方法并没有得到广泛的应用。

2.1.2.3　非高炉冶炼

非高炉冶炼是指将含铁的矿物在较低的温度下直接还原得到海绵铁的过程。该冶炼方法的优势较为明显，通常产品的化学成分稳定、杂质低，可以代替废钢的使用，而且还可以作为优质钢及特种钢冶炼的原材料。目前，研究者对非高炉冶炼技术进行了深入的研究，也发展得到 40 多种的直接还原技术，其中接近一半的技术可以应用于工业化生产。根据其还原剂不同，可以分为气基还原法和煤基还原法[41]。国外主要以气基还原法为主，我国由于缺乏天然气资源，使气基直接还原工艺受到极大的限制。但我国的煤炭资源相对丰富，因此，这样的能源结构也决定了我国应当发展煤基直接还原铁工艺[42,43]。对于我国众多类型的铁矿石，研究者都在积极发展直接还原技术[44]，然而一方面由于煤基直接还原技术存在众多的问题，例如能耗高且生产效率低，炉况不易控制，同时对铁矿石的要求较高，因此，非高炉冶炼技术目前在我国并没有得到广泛的应用[45-47]。

2.1.3　白云鄂博矿存在的问题

白云鄂博矿存在的问题如下：

（1）利用方式单一。以选矿-冶金传统方法作为唯一的利用方式，缺乏高附加值的技术及产品。同时在传统的利用过程中造成了资源的浪费，并且在球团烧结、稀土精矿的分解各个环节中，“三废”问题严重，对环境造成严重的污染。就目前白云鄂博矿物存在的问题，徐光宪等科学家联合发表文章，呼吁科研工作者共同关注这些问题，为综合利用白云鄂博矿物提出了宝贵意见。

（2）天然优势。白云鄂博矿物中含有大量的特色元素，例如稀土、铌等元素通常都作为材料制备有效的添加剂，白云鄂博矿具备直接制备材料的天然优势，因此有必要开发新的利用方式以充分利用白云鄂博矿物的有价元素。

综上所述，根据白云鄂博铁矿物的品位及分布，其利用方式也必然需以选矿-冶金的方式为主。但由于白云鄂博矿中其他矿物的存在，在利用铁矿的同时势必会造成资源的浪费。同时，日益严格的环保要求及国家可持续发展战略的推进，给白云鄂博矿的利用提出了新的要求。因此，寻找一种清洁、绿色、高值化利用白云鄂博矿物的新途径势在必行。目前随着对可持续发展概念认识的深入，利用矿物直接合成复合材料的利用方式的研究逐步深入。

2.2 矿物制备金属陶瓷复合材料

金属陶瓷（Cermet）是一种复合材料，它的定义在不同时期略有不同，例如，由陶瓷和金属组成的一种材料，也有定义为由粉末冶金方法制成的陶瓷与金属的复合材料。美国标准试验方法（ASTM）金属陶瓷专业委员会做了如下定义：一种由金属或合金同一种或几种陶瓷所组成的非均质的复合材料，一般陶瓷占15%~85%的体积，同时在制备过程中，金属相与陶瓷相之间的溶解作用是相当微弱的。这个定义把某些“硬质相”、陶瓷相及金属相强化的合金从金属陶瓷中去掉了，这样使金属陶瓷的定义更加的广泛。

我们研究金属陶瓷的目的是制取具有良好综合性能的材料，即该材料既保持了陶瓷的高强度、高硬度、耐磨损、耐高温、抗氧化等特性，又具有金属的高韧性和可塑性，这些性能是仅用金属或仅用陶瓷无法得到的。因此，金属陶瓷一般分为以下几类：氧化物基金属陶瓷、碳化物基金属陶瓷、氮化物基金属陶瓷、硼化物基金属陶瓷及硅化物基金属陶瓷。非金属成分使金属陶瓷具有所要求的硬度、耐热性和耐磨性；金属相则使金属陶瓷具有一定的韧性和可塑性。金属陶瓷的性能除取决于金属的性能、陶瓷的性能、陶瓷相和金属相的百分比，更受二者的结合能力和相界面的结合强度影响。因此，金属陶瓷的设计主要有如下几个原则：

（1）金属对陶瓷相的润湿性。润湿性越好，金属相越可能形成连通相，金属陶瓷的性能越好。

（2）金属相与陶瓷相之间无剧烈的化学反应。若二者之间存在剧烈的化学反应，形成的化合物会影响金属陶瓷整体的性能。

（3）金属相与陶瓷相之间的物理相容性要好，即二者之间应当拥有相近的膨胀系数。

金属陶瓷材料是非常重要的一类材料。目前，金属陶瓷材料的研究主要集中在 TiC、WC 等碳化物及 Al_2O_3 等氧化物基体中，虽然性能良好，但制备工艺复杂，且价格昂贵，限制了金属陶瓷的广泛应用。

近年来，随着环保要求越来越高，众多科研工作者对于矿物的利用不再单纯的放在选矿-冶炼的传统思路上，而是采用材料化冶金的思路将矿物直接合成具备某种特殊性能的材料。这样既可以大大缩短材料的制备流程，又可以解决矿物采、选、冶中产生的各种环境问题，更可以探索矿物的综合利用新途径[48-52]。

目前已有许多研究者对利用天然矿物直接制备复合材料方面进行了大量的研究，对于不同的矿物采用不同的利用方式，主要有以下几个方面的研究。

2.2.1 钛铁矿制备复合材料

制备金属-陶瓷复合材料的传统方法是以化学纯粉末作为原料，这样一方面由于分步法造成能源消耗大，另一方面在粉末烧结过程中的界面容易受到污染而影响材料的性能。利用还原能力较强的 C、Al、Mg、Ca 等还原剂还原钛铁矿，使其生成 TiC、TiN 及金属 Fe 相来制备金属陶瓷复合材料。直接还原钛铁矿制备金属陶瓷复合材料是目前研究较为广泛的矿物综合利用方式，并且也取得了一定的成果。不仅复合材料的制备成本更低，其性能也未受到严重的影响。其主要的还原方式是采用碳热还原，主要反应如下：

$$FeTiO_3 + 4C = Fe + TiC + 3CO \tag{2-1}$$

$$FeTiO_3 + (4-x)C + \frac{x}{2}N_2 = Fe + TiC_{1-x}N_x + 3CO \tag{2-2}$$

利用钛铁矿作原料制备复合材料，从制备过程来看，根据复合材料的目标成分，通常选择碳热、铝热或者碳热+铝热的方式进行。而从产品来看，一般分为 Fe-TiC、Fe-Ti(C,N)、Fe-TiC-Al_2O_3 及 Fe 基复合材料等，目前主要存在于以下几个方面的研究。

2.2.1.1 碳热还原制备 Fe-TiC 复合材料

苟海鹏[53]将攀枝花钛铁矿作为主要原料，利用碳热还原工艺制备了 TiC 粉体，并且对其还原机理进行了深入的研究，后续则采用热压工艺将制备得到的 TiC 粉成功合成了 Fe-TiC 复合材料。研究结果显示，$TiC_{1-x}N_x$ 的最低生成温度为 1300 ℃，根据这一结论作者在还原过程中提出固液反应机理，即还原得到的 Fe 形成液相 N，这些液相在还原过程中包裹住低价钛氧化物，这样金属液相便成了固态 C 扩散到钛氧化物表面的快速通道。Welham 等[54]采用碳热还原的方式，利用石墨或者活性炭作为还原剂，在氩气气氛下直接还原钛铁矿制备了 TiC 粉末，为了得到较为纯净的 TiC 粉末，作者后续利用盐酸对得到的 TiC 粉末进行了除杂处理。

2.2.1.2 碳热-铝热还原 $Fe-Al_2O_3-Ti(C,N)$ 复合材料

赵子鹏[55]利用天然钛铁矿作为主要原料，在氮气气氛下，利用碳热+铝热还原的方法，原位反应合成了 $Fe-Al_2O_3-Ti(C,N)$ 复合材料，并且研究了前期的球磨工艺及后期的烧结过程对该复合材料微观结构和力学性能的影响。研究结果显示，前期的粉末采用干磨，则后期得到的复合材料其孔隙率较高，而采用湿磨粉体制备得到的复合材料烧结后的致密度较高。最佳的烧结工艺条件为：烧结压力 30 MPa，烧结温度 1500 ℃，保温时间 30 min。得到复合材料最佳的性能表现为：抗折强度 422 MPa，维氏硬度 17.60 GPa，密度 4.503 g/cm^3。

2.2.1.3 钛铁矿增强铁基复合材料

吴一[56]利用钛铁矿-碳-铁原位合成了硬质合金材料。利用碳还原钛铁矿原位生长 TiC 颗粒增强铁基复合材料，从而改善原本以纯 TiC 颗粒的添加造成的 TiC 与钢黏接剂彼此发生的作用，例如分裂、脱溶、长大等。复合材料在 1450~1650 ℃，真空无压烧结的条件下进行，得到的复合材料经过一定的热处理，密度达到 6.2 g/cm^3，抗弯强度达 1080 MPa。

综上所述，对于钛铁矿的利用，通常是采用碳热或者铝热的方式进行，若采用碳热还原的方式一般生产以 Fe 为金属相，TiC 为陶瓷相的复合材料。在原料中加入少量的铝粉，则可以制备 $Fe-TiC-Al_2O_3$ 的复合材料。钛铁矿的资源化较为灵活，可根据复合材料的目标成分选择不同的原料配比及工艺，是一种较为典型的矿物利用方式。

2.2.2 铝土矿制备复合材料

我国的铝土矿储量丰富，目前其主要的利用方式是采用拜耳法生产氧化铝。但也有许多研究者对如何利用铝土矿直接制备合金或复合材料进行深入的研究，也取得一定的进展。其中，对于低等级的铝土矿，通常可以采用制备 Al-Si 合金的方式进行利用，而优质的铝土矿则可以采用直接制备复合材料的方式。

2.2.2.1 铝土矿制备轻合金

戚大光等[57]利用碳热还原铝土矿制备 Al-Si-Fe 合金，研究首先利用热力学计算的手段对体系中发生的反应进行了详细计算，计算发现 SiO_2 的还原在 1500 ℃以上可以发生，而 Al_2O_3 的还原温度则需达到 1800~2100 ℃，从热力学角度证明了

合金合成的可能性。后续利用正交试验对最优工艺试验进行了探索，结果发现最优的还原温度为1850 ℃，最佳的原料配比 SiO_2/Al_2O_3 为0.9~1.0。

Yang 等[58]碳热还原法从铝土矿中制备得到了铝硅合金，并研究了压力、处理温度、烧结时间等反应参数对还原过程的影响。研究发现，压力和温度是影响铝土矿尾矿碳热还原的主要因素。制备初级铝硅合金最佳的条件为：加热温度900 ℃，保温时间1 h。而在碳热还原 Al_2O_3 和 SiO_2 的四种机理中，碳化物的形成和分解理论可能是解释反应过程的最佳方法。

2.2.2.2　铝土矿制备复合材料

李生[59]利用铝土矿制备了矾土基 Fe-Al/Al_2O_3 复合陶瓷，采用机械合金化的方式制备了 Fe-Al 金属间化合物并且作为 Al_2O_3 陶瓷的增强相。以高铝矾土作为陶瓷相，在弱还原气氛中烧结，烧结温度为1500 ℃。制备得到了 Fe-Al/Al_2O_3 复合材料。结果显示，颗粒状的 Fe-Al 对复合材料的性能具有较高的提升，复合材料的断裂韧性、体积密度及维氏硬度分别为7.32 MPa · $m^{1/2}$、3.95 g/cm^3 及776 MPa，较一般矾土基氧化铝陶瓷有明显的提高。其增强的主要机制为一定量微裂纹偏转的存在和细晶韧化及金属间化合物的补强作用。Zhang 等[60]利用铝土矿制备了 β-塞隆复合材料并且考察了其氧化行为。采用原位氮化-反应烧结工艺，以金属硅、铝土矿粉和碳化硅颗粒等为原料，制备了铝土矿基复合材料。试样在1400 ℃时的热强度高达50 MPa，与相应的室温强度值相比提高了约50%。SEM 结果表明，复合材料中形成了由 β-塞隆晶须组成的网状结构，网状结构中嵌入了细小的碳化硅晶粒。

2.2.3　矿物制备复合材料的优势

通过以上分析可知，采用天然矿物作为主要原料制备复合材料已有较多相关的研究，众多的研究也证明了采用原位合成的方式直接将天然矿物制备得到复合材料是可行的。不仅如此，利用该思路也具有传统制备方式所不具备的优势，主要有如下几点：

（1）制备成本较低。传统制备方式需要经过复杂的分离、提纯得到高纯单质或者化合物，再利用粉末冶金的方式进行复合材料的制备。而采用天然矿物类原料则避免了大规模的分离，将合成与烧结合二为一，采用一步法直接制备得到复合材料。

（2）性能优良。利用化学纯试剂制备复合材料，由于界面容易污染，得到的复合材料性能受到一定的影响，而原位合成的方式可以避免这一问题，复合材料的性能具有一定的优势。

（3）清洁、高值化矿物综合利用新途径。选矿-冶金一直以来是高污染、高能耗行业，随着环保压力越来越大，对矿物的利用也提出了更高的要求。采用矿物直接制备复合材料可以避免矿物处理过程中产生的大量废水、废渣，同时可以得到不同梯度的复合材料，应用范围广，可以为矿物的利用提出新的思路。

2.3 复合材料增韧机制及 Fe-Al_2O_3 复合材料研究进展

2.3.1 复合材料的增韧机制

2.3.1.1 纤维增韧

利用高性能的纤维或者晶须增强复合材料的强度和韧性是复合材料增韧的研究方向之一。其中，为达到较良好的增韧目的，二者之间必须满足一定的条件，即增韧纤维的弹性系数需高于基体的弹性系数；二者之间具有一定的化学相容性。陈蓓等[61]利用纤维增强了陶瓷基复合材料，明显地改善了陶瓷的强度及抗热震性，并且对界面裂纹起到了弥合作用，进而增强了材料的韧性。这种方式虽然具有较好的增韧增强的作用，但其制备成本一般较高，并且工艺流程复杂[62,63]。

2.3.1.2 延性金属颗粒增韧

延性金属颗粒增韧是指在具有脆性的陶瓷基体中加入具有延展性的金属颗粒，延性金属颗粒增韧被证明是一种极为有效的增韧方式。金属颗粒的加入主要起到两方面的作用，一方面是其在烧结过程中容易形成液相而促进陶瓷的烧结致密性；另一方面则是通过对裂纹的钝化、偏转、钉扎或者金属离子的拔出而提升材料的抗折强度及断裂韧性。有研究表明，金属颗粒在陶瓷基体中主要表现出裂纹偏转和裂纹桥接两种增韧机制，当基体与增强颗粒的弹性模量 E 及线膨胀系数 α 相差不大时，主要增韧机制为裂纹的桥接，这时可以达到最佳的增韧效果。而当两相的 E、α 相差较大时，主要通过裂纹的偏转绕过金属颗粒提高复合材料的韧性。

复合材料中利用金属颗粒增韧的方式是最简单的一种方法[64,65]，虽然该类型复合材料的增韧效果有限，但也存在着明显的优势，一般具有较好的各向同性、组织均匀、较好的抗氧化性，同时可以提高复合材料的强度和韧性等诸多优点。

因此，在脆性陶瓷相中引入金属颗粒作为增强相是改善陶瓷基体强度低、脆性大的有效方法。增强相的作用主要表现在提高陶瓷材料的断裂韧性及抗弯强度等。但由于金属在陶瓷相中的存在形式不同，具体的增韧机制也各不相同。金属颗粒作为增强相主要表现在以下几个方面[66-68]：

（1）增加基体裂纹拓展时所需的驱动力；

（2）增加裂纹拓展时生成单位新面积所消耗的能量；

（3）缓解裂纹尖端的应力集中。

A　裂纹偏转增韧[69]

当裂纹接近微观结构的非均质性，如第二相粒子时，其典型的倾斜角为 θ，偏离原来的平面。初始倾斜角取决于颗粒相对于前进裂纹的方向和位置，以及颗粒与基体之间产生的残余应变的方向。裂纹的后续发展可能导致裂纹前扭。具体来说，当相邻粒子的方向要求裂纹向相反方向倾斜时，裂纹前沿发生扭转，如图 2-1 所示。

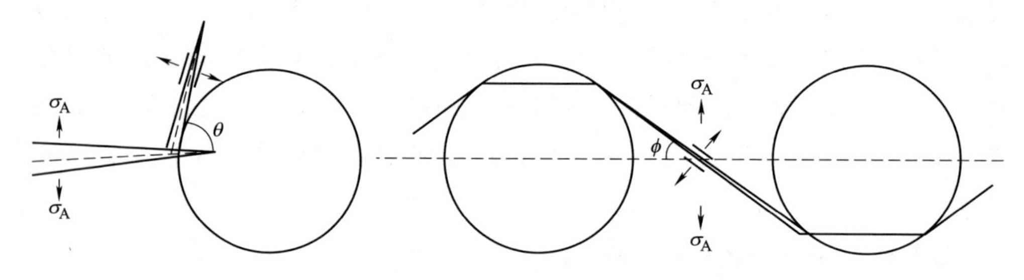

图 2-1　裂纹偏转示意图

B　裂纹桥接增韧

裂纹桥接是复合材料中较为常见的一种增韧方式[70,71]。它是一种裂纹的尖端效应，是提供一种应力使裂纹两个面相互靠近，这个应力称为闭合应力，而该应力则是由补强剂提供。这种情况就会造成应力的强度因子随着裂纹的延伸而增加。在脆性的陶瓷中引入具有延展性的金属颗粒能够明显地提升复合材料的韧性和强度。这主要来自金属颗粒的塑性变形。当裂纹延伸至金属颗粒与陶瓷基体界面处时，由于二者的变形能力不同，有些裂纹被迫穿过粒子，而被发生塑性变形的金属颗粒桥接，如图 2-2 所示。

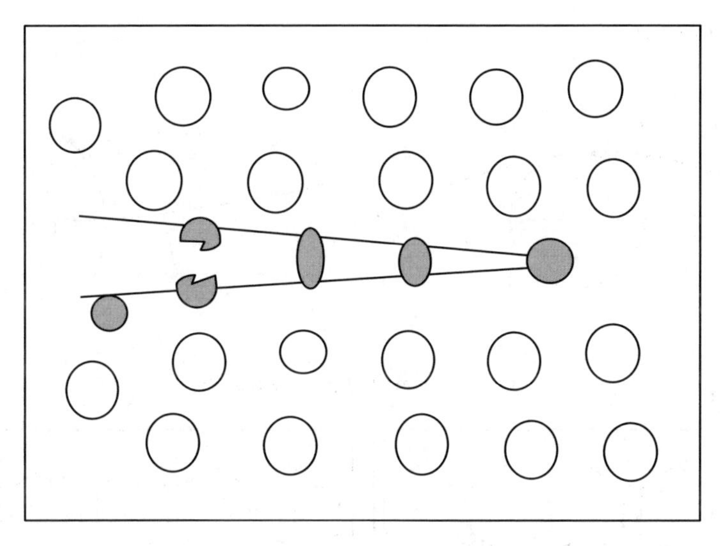

图 2-2 裂纹桥接示意图

C 微裂纹增韧

微裂纹主要机理为在裂纹尖端存在的微裂纹会导致该区域的弹性模量降低，应力-应变会呈现非线性关系[72]。在非相变的颗粒增韧复合材料中，主要是由于不同相之间线膨胀系数的差异导致微裂纹的产生。

D 残余应力场增韧[72]

在复合材料中，尤其是在金属-陶瓷的复合材料中，由于两相的线膨胀系数及弹性模量的差异较大，容易在两相的界面处形成残余应力，如图 2-3 所示。如果金属颗粒的线膨胀系数大于陶瓷基体，将导致基体受到切向的压应力，导致复合材料中的裂纹倾向于绕过颗粒继续延伸。而如果金属颗粒的线膨胀系数小于陶瓷基体，裂纹延伸至金属颗粒时会被钉扎或穿过颗粒后继续延伸，从而降低了裂纹的能量。对于该方式，金属颗粒越粗大，增韧增强效果越好。

2.3.1.3 金属相-陶瓷相结合方式

根据金属相在陶瓷基体中分布的不同，金属相与陶瓷相的结合通常分为四种情况，即晶界型、晶内型、晶界-晶内混合型和纳米-纳米复合型[73]，如图 2-4 所示。

A 晶界型[74]

晶界型是复合材料中常见的复合形式，尤其是在 Al_2O_3-金属复合材料中尤为常见。一般为金属颗粒在陶瓷基体的晶界处发生偏析，金属相和陶瓷相的界面一

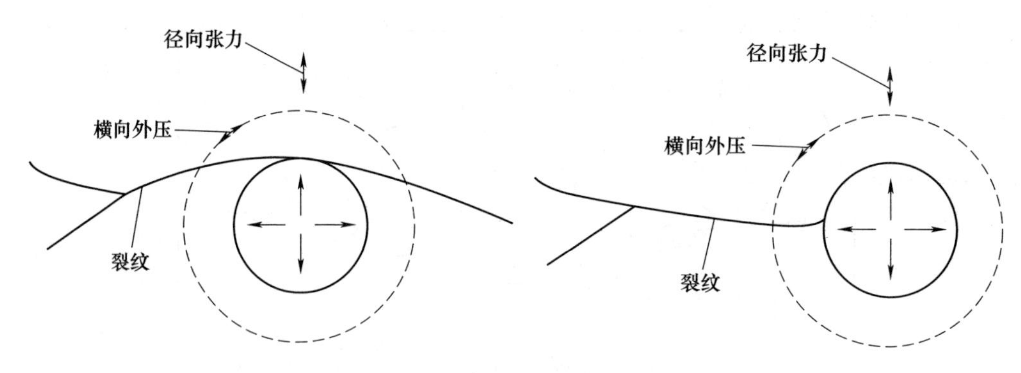

图 2-3　残余应力场增韧示意图

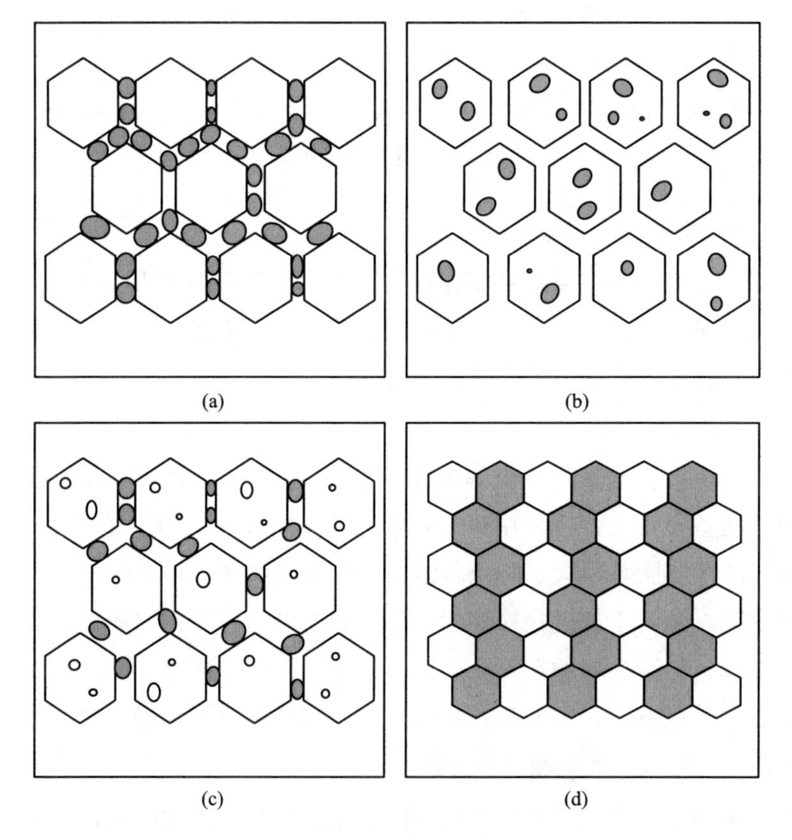

图 2-4　金属相与陶瓷相结合方式

（a）晶界型；（b）晶内型；（c）晶界-晶内混合型；（d）纳米-纳米复合型

般通过物理结合的方式或者扩散结合的方式实现。在恒温及常压下，随着溶质原子化学位的升高，体系界面的自由能降低，溶质原子容易在晶界处偏析，这种偏聚直接影响复合材料的物化性能。这种情况下的界面结合是基于二者的浸润而实现界面结合。一般只存在较为轻微的界面反应，并且金属以纯相存在，几乎没有界面反应产物的出现。界面结合的强度适中，在应力的作用下容易发生脱黏，可以有效地传递载荷并且阻碍裂纹的拓展。

通常以这种形式结合的复合材料通过裂纹桥接、金属颗粒拔出及裂纹偏转实现增韧。复合材料的受力过程中，延性颗粒的弹性变形对复合材料韧性的提升起到了重要的作用，而后续的塑性变形又可以消耗更多的能量，从而提高材料的强度和韧性。

B 晶内型[75]

晶内型复合材料可以为金属颗粒以间隙固溶体的形式嵌入到陶瓷晶粒的内部。一般晶内型结构由于陶瓷晶粒长大过程中或者陶瓷晶粒在相变过程中包裹了细小的金属颗粒，主要依靠微裂纹增韧。其主要机理为：金属颗粒和陶瓷基体之间的线膨胀系数失配，因此在复合材料中形成微裂纹。

C 晶界-晶内混合型[76]

该类型是结合晶界型和晶内型两种情况，金属颗粒在晶界处及晶内均有分布，因此其增韧机制也包含了上述两种情况的多种方式。

D 纳米-纳米复合型[77]

这样的结构中，金属颗粒与陶瓷基体的晶粒尺寸均在纳米级别，纳米级别的增强颗粒分布于陶瓷基体的晶界处。在纳米-纳米复合型材料中，起到韧化作用的主要有两个方面，一是由于陶瓷晶粒的细化；二是由于金属颗粒的引入而增加裂纹的拓展路径及断裂表面能。

2.3.2 $Fe-Al_2O_3$ 复合材料制备研究

Al_2O_3 陶瓷由于其优良的性能及低廉的生产成本得到广大研究者的追捧。然而，其较大的脆性也是限制其广泛应用的最主要问题。对于氧化铝的增韧，研究者进行过大量的研究工作，发现通过延性颗粒进行增韧是制备方式简单、成本低的有效增韧方式[78,79]。因此，许多研究者利用金属颗粒作为第二相引入到氧化铝陶瓷中，例如 Co、Mo、Ni 等金属颗粒，以获得低成本，高性能的氧化铝复合材料。当然也有许多研究者将目光投向成本更低的 Fe 颗粒。

目前，国内外许多研究者针对 $Fe-Al_2O_3$ 体系复合材料进行了大量的研究，并且也取得了一定的成果。从组分设计来看，主要为氧化铝增强的铁基复合材料及铁增强的氧化铝基复合材料[80,81]；从制备方法来看，主要以粉末冶金及原位合成技术为主[82,83]。具体的研究方向有如下几个方面。

2.3.2.1 组分设计

对于颗粒增韧氧化铝复合材料来说，增强相的体积分数对于材料最终的性能至关重要。因此，众多研究者对 $Fe\text{-}Al_2O_3$ 复合材料中的金属铁含量对复合材料结构和性能的影响进行了深入的研究。张伟等以氧化铝和硝酸铁作为原料，采用非均相沉淀法制备了铁包裹氧化铝纳米复合粉。利用热压烧结的方式制备了 $Fe\text{-}Al_2O_3$ 复合材料，结果显示，当金属相的添加量为5%（摩尔分数）时，复合材料的热压烧结温度比纯相 Al_2O_3 陶瓷降低约 100 ℃，而当金属相的添加量为10%（摩尔分数）时，复合材料的断裂韧性可达 5.62 $MPa \cdot m^{1/2}$，较相同条件下的纯相 Al_2O_3 陶瓷提高约60%[84]。Guichard 等以氧化铝粉及铁粉为原料制备了 $Fe\text{-}Al_2O_3$ 金属陶瓷，其中铁含量在0~36%（体积分数）之间变化。作者采用高能干法球磨法制备纳米粉体，并在 30 MPa 压力下经 1700 K 烧结固化。该金属陶瓷由微米级的氧化铝和 10 μm 至纳米级别的金属颗粒构成，随着金属含量从低到高变化，可以观察到相同类型的交织组织。硬度、弹性模量、剪切模量、断裂韧性和夹杂物的大小随金属含量的变化而有规律地变化。结果显示，样品的断裂韧性在 4~8 $MPa \cdot m^{1/2}$ 之间变化，抗弯强度在 350~520 MPa 之间，硬度在 7~17 GPa 之间[85]。Konopka 等利用纯 Al_2O_3 粉及 Fe 粉作为主要原料，利用等静压成型及无压烧结的方式制备了 $Fe\text{-}Al_2O_3$ 复合材料，并且探讨了 Fe 含量对复合材料微观结构及力学性能的影响。结果显示，$Fe\text{-}Al_2O_3$ 复合材料的微观结构主要为均匀分布在 Al_2O_3 基体中的球状铁颗粒构成。由于金属 Fe 是在烧结过程中处于熔融状态，所以烧结样品中的铁的粒度与初始粒度不同，烧结后铁的平均粒度减小。SEM 和 TEM 研究还发现复合材料中有少量 $FeAl_2O_4$ 并以颗粒状存在于样品中。力学性能分析显示，复合材料的断裂韧性与基体中 Fe 的含量有关，随着 Fe 含量逐渐增加到30%（体积分数），复合材料的断裂韧性也随之增加。而当铁含量超过30%（体积分数）时，断裂韧性不再增加，这是由于过量的 $FeAl_2O_4$ 尖晶石促进了裂纹在金属-陶瓷界面上的扩展[86]。

2.3.2.2 制备工艺

采用粉末冶金制备 $Fe\text{-}Al_2O_3$ 复合材料通常有两种方式，一种是利用化学纯 Fe 粉和 Al_2O_3 粉直接合成，例如 Schicker 等利用化学纯 Fe 粉及 Al_2O_3 粉制备得

到 $Fe-Al_2O_3$ 复合材料，添加少量铝粉作为辅助剂，采用无压烧结法制备了金属含量在23%~35%（体积分数）的复合材料。结果显示，复合材料中尖晶石相的形成与烧结过程中氧分压及烧结温度有关。微观结构分析表明，复合材料具有陶瓷和金属相相互渗透的微观结构。断裂韧性与烧结试样的相含量密切相关并且随金属含量的增加而增加。通过分析发现，金属相的塑性变形及裂纹的桥接作用为主要的增韧机制，较强的界面结合力也阻碍了金属颗粒的拔出[87]。另一种则是原位合成的方式，即利用 Fe_2O_3/Al_2O_3 混合粉末，采用还原性气氛将 Fe_2O_3 还原为金属铁。Zhang 等采用选择性还原工艺在不同摩尔比的 Al_2O_3/Fe_2O_3 混合物中制备得到 $Fe-Al_2O_3$ 复合材料，并且研究了该复合材料的电磁性能。有效介质理论和渗滤理论可以很好地描述复合材料的电磁性能。在渗滤阈值附近，该复合材料表现出一种特殊的金属-介电混合电磁特性，这与它的微观结构和元素分布密切相关[88]。孙凯等采用选择性还原方式制备了 $Fe-Al_2O_3$ 复合材料，以 Al_2O_3 和 Fe_2O_3 为主要原料，球磨后采用无压烧结的工艺制备得到 $Fe-Al_2O_3$ 复合材料。结果显示，样品的主晶相为 Fe_2O_3 和 Al_2O_3 的固溶体及亚微米级的 Fe 颗粒，并且对其介电性能进行了研究[89]。Liu 等利用真空热爆的方式制备了 $FeAl/Al_2O_3$ 多孔复合材料，最大的孔隙率约为60%，并且可以通过改变反应混合物的初始成分调整复合材料的孔隙率和孔径。多孔复合材料具有相互连接的孔隙结构，这使它们在分离、隔热和催化等方面具有广泛的应用前景[90]。

2.3.3　$Fe-Al_2O_3$ 复合材料的应用研究

从应用角度来看 $Fe-Al_2O_3$ 复合材料通常以利用其力学性能为主，可用作耐磨材料、结构材料等，若控制好金属相的组分及结构，该复合材料还具备特殊的电性能[91]。

2.3.3.1　力学性能

王志等[92]通过无压烧结法制备了 $Fe-Al_2O_3$ 复合材料，并探讨了不同铁含量对复合材料力学性能的影响。结果显示，$Fe-Al_2O_3$ 复合材料的抗折强度及断裂韧性随着 Fe 含量的升高先升高后降低，发现在 Fe 颗粒的周围形成 FeO 与 $FeAl_2O_4$ 的过渡层，与 Fe 颗粒之间存在微裂纹缺陷。过渡层的形成以及与颗粒间的微裂纹钝化外部应力，进而使复合材料的断裂韧性得到提升。

Laurent 等[93]通过热压复合粉体制备了碳纳米管-$Fe-Al_2O_3$ 块状复合材料，碳纳米管以直径小于 100 nm、长几十微米的束状排列，在 Fe-Al_2O_3 晶粒周围形成网状结构。对碳纳米管在粉体及烧结后的复合材料中数量变化进行了研究，结果发现制备工艺对复合材料中碳纳米管的数量有着较大的影响。对力学性能的分析发现，含有碳纳米管-Fe-Al_2O_3 复合材料的压裂强度仅略高于 Al_2O_3 复合材料，但普遍明显低于无碳纳米管的 Fe-Al_2O_3 复合材料，而断裂韧性值则低于或近似于 Al_2O_3。但是，在 SEM 对复合材料断裂的观察表明，碳纳米管可以耗散一些断裂能。

Gong 等[94]研究了原位增韧的 Fe_3Al-Al_2O_3 复合材料的力学性能。研究了 Fe_3Al 含量、烧结温度及保温时间对复合材料组织和性能的影响。Fe_3Al 颗粒的加入降低了 Al_2O_3 的长径比和晶粒尺寸，改变了复合材料的断裂模式。由 Al_2O_3-5% Fe_3Al 在 1530 ℃烧结和 Al_2O_3-10% Fe_3Al 在 1600 ℃烧结得到的最大弯曲强度和断裂韧性分别为 832 MPa 和 7.96 MPa · $m^{1/2}$。与整体氧化铝相比，韧性提高了 73%。复合材料的力学性能的改善是由于断裂模式的变化从晶间断裂到穿晶断裂、“原位强化效应”引起的氧化铝晶粒分散体的微观结构及晶间裂纹偏转和桥接。

2.3.3.2　电磁性能

由于 Fe-Al_2O_3 复合材料属于金属/绝缘体复合材料，两相的性质相差较大。通常这类复合材料的电学、光学等性质可以采用逾渗理论来分析。当复合材料中的 Fe 含量增大至一个临界值时，材料的导电性会发生突变，其直流电导率会急剧增加十几个数量级，这时的复合材料便由绝缘体变为了导体，而这个铁含量的临界值为逾渗阈值。在逾渗阈值附近的微小成分区内，金属相含量的轻微变化会导致复合材料的电导率发生巨大的变化[95,96]。

Gao 等通过热压烧结制备了 Fe-Al_2O_3 复合材料，Fe 含量在 10%~40%（体积分数）之间。在高频范围内，复合材料的阻抗和介电性能与材料的组成有明显的关系。当 Fe 含量超过 20%（体积分数）时，其介电常数为负。实验结果表明，在渗流阈值以上的负介电常数与 Drude 模型的拟合结果吻合较好。负介电常数的特殊性质使 Fe-Al_2O_3 复合材料成为双负材料的候选材料[97]。

Sun 等在射频范围内研究了原位合成的 Fe-Al_2O_3 复合材料的交流电导率、介电常数和磁导率等电磁性能。随着铁含量的增加，复合材料表现出明显的渗滤转变。当铁含量超过但接近渗滤阈值时，含铁 30%（体积分数）的样品在 631 MHz 到 1 GHz 之间同时得到负介电常数和磁导率。随着含铁量的增加，可以观察到类法诺共振，且介电常数由负向正变化时的共振频率向较低频率转移。此外，自旋率为负和磁导率为负的频率区域不再重叠。具有可调负介电常数和负磁导率的渗滤型 Fe-Al_2O_3 复合材料有望成为电磁吸波材料[98]。

Shi 等采用还原法制备了多孔氧化铝中的随机铁颗粒复合材料。结果发现，当铁含量超过渗滤阈值时，铁颗粒之间的相互作用导致铁网的形成。复合材料由电容型转变为电感型，导电机制由跳跃导电转变为类金属导电。磁导率为负的主要原因是铁网络中非定域电子的等离子体振荡，铁网络中电流环的强反磁响应。采用 Drude 模型分析了 Fe-Al_2O_3 复合材料的负容许性行为。此外，拟合结果表明，Fe-Al_2O_3 复合材料的有效等离子体频率远低于铁的块体材料。进一步的研究表明，铁含量和还原温度可以很容易地调节负介电常数和磁导率的振幅和频率范围。此外，通过调整铁含量和还原温度，可将负介电常数区域和负磁导率区域推至同一频率区域。浸渍还原过程为实现随机复合材料的负介电常数和磁导率可调开辟了一条新途径，对制备新型双负极材料具有很大的潜力[99]。

众多的研究表明，Fe-Al_2O_3 复合材料可作为具有负介电性、负磁导率的特殊材料使用，而该材料在电子工业、通信工业及航空领域均有广阔的应用前景[100]。

综上所述，Fe-Al_2O_3 复合材料由于其良好的力学性能及特殊的电性能而得到广泛的研究。然而，无论采用直接合成法还是原位合成都是以化学纯试剂作为主要原料。目前制备复合材料的传统方法也都是以化学纯试剂作为主要原料，采用分步制备的方式，通常会造成制备过程的能耗及成本增加。因此，许多研究者将目光转向天然矿物的直接合成，即利用矿物作为主要原料，采用合成-烧结为一体的方式制备复合材料，从而探索一条制备低成本、高性能复合材料的新途径。

2.4 复合材料设计原则

目前利用天然矿物制备复合材料，除利用主要的元素之外，其余矿物中所含元素在复合材料中产生的作用并没有进行探讨，通常研究者将这些元素作为杂质元素处理。例如，有研究者利用天然钛铁矿作为主要原料，采用碳热还原的方式制备了 TiC 粉末及 Fe-TiC 复合材料，其中在制备得到 TiC 粉末后利用盐酸对该粉末进行了除杂处理，进一步增加了复合材料的制备流程[53,54]。因此，有必要对矿物中的杂质元素对复合材料的影响机理进行深入分析。白云鄂博矿是一个天然的宝藏，蕴含着大量的有价元素，因此，在利用天然矿物作为主要原料制备复合材料的过程中既要利用其主要的元素，也要对其余的微量元素对复合材料的制备产生的影响进行研究，寻找对复合材料制备产生积极作用的元素，在复合材料中是否存在矿物的遗传性。应当明确天然矿物中所含微量元素对复合材料的烧结过程及性能产生的影响，进一步分析矿物中的元素的共伴生特性在复合材料制备中的作用。

根据以上分析可知，利用天然矿物作为主要原料制备得到复合材料在技术上是可行的，前人已做过大量的研究工作。白云鄂博矿物是一个天然宝藏，含有大量的有价元素，可将其作为原材料制备具有一定性能的复合材料。由于氧化铝储量广泛且性能优良，选取氧化铝作为硬质相。而白云鄂博矿及铝土矿中含有 SiO_2、CaO 及 MgO 等杂质。众所周知，这些氧化物一般可作为氧化铝陶瓷的烧结助剂。基于此，本研究预制备一种铁含量为 30%～45%、陶瓷相含量为 40%～50%、玻璃相含量为 5%～10%的复合材料，该复合材料制备设计示意图如图 2-5

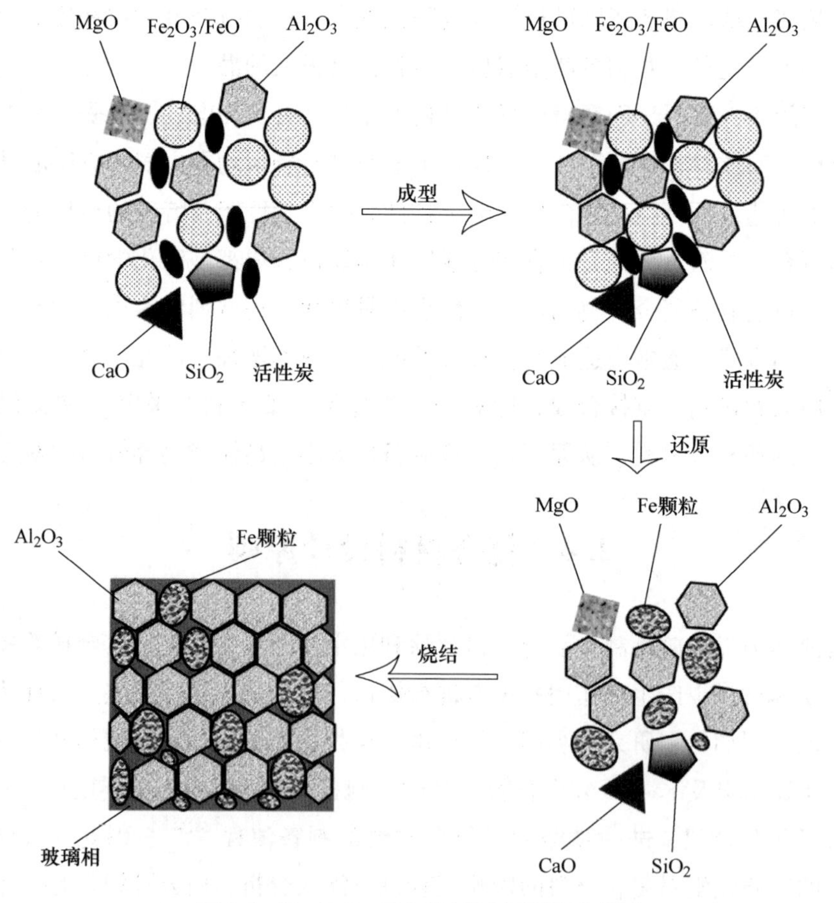

图 2-5　Fe-Al_2O_3 复合材料制备设计示意图

所示。这种复合材料具有氧化铝陶瓷的高硬度，又具有较高的韧性。而玻璃相的引入一方面作为烧结助剂，降低复合材料的烧结温度及气孔率，另一方面期望可以改善铁与氧化铝的界面结合。

2.5 研究目的及意义

（1）采用天然白云鄂博矿为主要原料，添加少量铝土矿作为陶瓷相，利用碳热还原工艺，集合成和烧结为一体，采用一步法直接制备高性能复合材料。

（2）利用热力学计算、XRD、DSC-TG 分析方法研究复合材料的反应过程及烧结过程，利用 XRD、SEM、EDS、EBSD、XRF 及 EPMA 等分析方法研究复合材料的微观结构，并对复合材料的密度、抗折强度、硬度、断裂韧性等力学性能指标进行测试，分析复合材料微观结构和性能的关系。在结构形成过程的基础上，探讨白云鄂博矿物中杂质元素及微量元素对复合材料的结构及性能的影响。

（3）获得制备条件、原料特征与材料结构、性能之间的关系，为白云鄂博矿低成本、高附加值利用提供理论数据和详细的实验数据。

3 实验原料与方法

3.1 实验原料

3.1.1 化学试剂

实验过程中所使用化学试剂见表 3-1。其中，氧化铝作为主要原料，活性炭作为还原剂，无水乙醇作为球磨介质，二氧化铈作为添加剂研究稀土元素对复合材料的影响机理。

表 3-1 化学试剂

试剂名称	规格	生产厂家
氧化铝	分析纯	上海麦克林试剂有限公司
活性炭	分析纯	上海麦克林试剂有限公司
无水乙醇	—	天津大茂试剂有限公司
二氧化铈	分析纯	上海麦克林试剂有限公司

3.1.2 矿物类原料

实验所用的铁矿来源于内蒙古自治区包头市某矿区，原矿经过磁选后的铁精矿。铝土矿来源于河南省巩义市，利用化学分析方法对矿物进行分析，两种矿物的化学成分分析结果见表 3-2。从表 3-2 中可以看到，铁精矿的铁氧化物含量接近 90%，而铝土矿中的氧化铝含量为 87%以上。

表 3-2 铁精矿及铝土矿的主要化学成分 （质量分数，%）

名称	Fe_2O_3	FeO	Al_2O_3	SiO_2	CaO	MgO	TiO_2	Na_2O	MnO_2	S
铁精矿	63.49	25.4	0.50	2.13	1.00	0.65	—	0.15	2.76	2.67
铝土矿	1.84	—	88.54	4.71	0.23	0.26	3.72	0.52	—	0.18

图 3-1 显示为铁精矿及铝土矿的物相分析结果，从图中可以看到，铁精矿中主要的铁氧化物为磁铁矿，并且含有少量的赤铁矿及透辉石。铝土矿中则主要含有氧化铝及少量的钛氧化物。

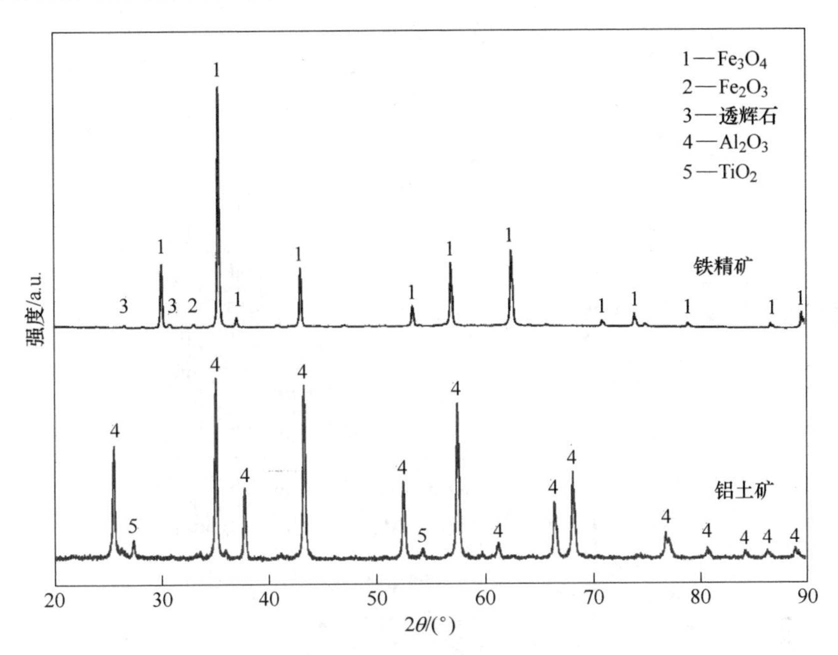

图 3-1 铁精矿及铝土矿的 XRD 图谱

图 3-2 为铁精矿及铝土矿的扫描电镜图，其中图 3-2（a）中的浅色颗粒状为铁氧化物。

图 3-2 铁精矿及铝土矿的 SEM 照片

（a）铁精矿；（b）铝土矿

图 3-3 为铁精矿及铝土矿的粒度分布图，从图中可以看到，两种矿物的粒度主要分布在 20 μm 左右。但相比于铝土矿，铁精矿在 4 μm 以下的小颗粒占比更多，较小的粒度更有利于本研究所设计的碳热还原反应。

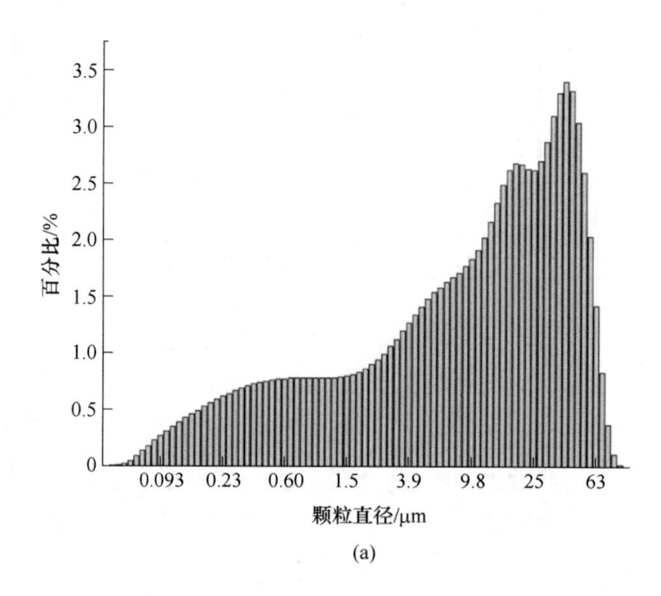

(a)

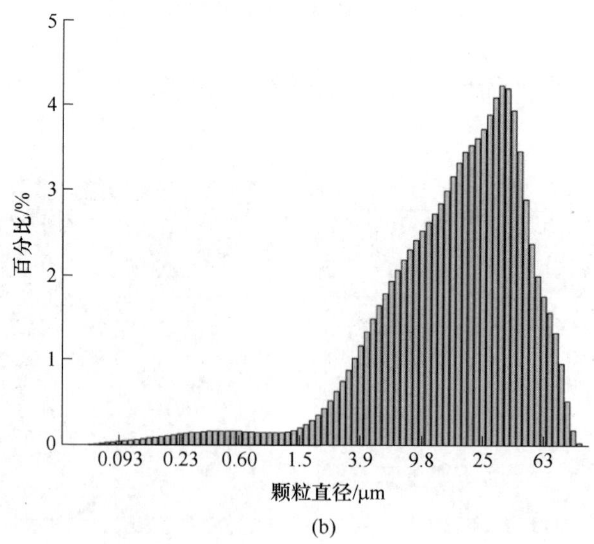

(b)

图 3-3　铁精矿及铝土矿的粒度分布图
（a）铁精矿；（b）铝土矿

3.2 分析方法

3.2.1 X射线衍射（XRD）分析

利用X射线衍射仪（X-rays Diffraction，XRD，X'pert Pro Powder，PANalytical）对样品的物相组成进行分析。将待测样品充分干燥后，取待测样品的中心区域，并使用研钵将其制成50 μm以下的粉末，放置在衍射仪上进行测试。实验条件：测试方式为连续扫描，Cu靶K_{α}辐射波长$\lambda=0.1541$ nm，加速电压为40 kV，加速电流为100 mA，测试温度为（18±2）℃，扫描速度为4°/min，扫描范围2θ为20°~90°。

3.2.2 扫描电子显微镜（SEM）及能谱（EDS）分析

取待测样品的中心区域，利用划片切割机切割成5 mm×5 mm×3 mm的长方体，试样选用40目、240目、600目、800目、1000目依次进行研磨，研磨后的样品表面进行机械抛光。将抛光后的样品表面进行喷金处理，后置于场发射扫描电子电镜（Field-Emission Scaning Electron Microscope，FE-SEM，Sigma 500，Carl Zeiss）中进行微观结构的观察。利用附带的能谱分析仪（Energy Dispersive Spectrometer，EDS，Oxfor）分析复合材料的元素组成。

3.2.3 X射线荧光光谱（XRF）分析

利用多功能X射线荧光光谱仪（X-ray Fluorescence Spectrometer，XRF，ARLAdvant'X 3600）对复合材料元素进行定量分析，电压40 kV，电流60 mA。

3.2.4 电子背散射衍射（EBSD）分析

电子背散射衍射技术（Electron Back Scattered Diffraction，EBSD，Symmetry）属于场发射扫描电子显微镜的附件，该技术可对晶体结构及晶体取向进行分析。主要通过菊池带分析待测样品的晶体结构，但是对于晶体结构相近的相来说，可以结合晶体的EDS分析结果并通过Truphase功能利用成分不同来进一步识别相。在本实验中，采用Oxford设备对样品进行物相鉴定和晶粒取向的表征，采用Channel 5软件对其数据进行分析。

取待测样品，利用划片切割机切割成 8 mm×8 mm×1 mm 的薄片，试样选用 40 目、240 目、600 目、800 目、1000 目依次进行研磨，研磨后的样品表面进行机械抛光。抛光后的样品采用硅溶胶抛光 1 h，去除表面的应力。样品抛光后，采用酒精超声清洗样品 15 min。样品置于样品台上，预倾 70°，操作电压为 15~20 kV。

3.2.5　差示扫描量热-热重（DSC-TG）分析

采用差示扫描量热（DSC）及热重分析（Ther mogravimetric Analysis，TG，Mettler Toledo）对样品的还原过程进行研究。实验条件：氮气气氛，升温速率为 10 ℃/min，从室温升高温度至测试温度，用以测试样品的烧结过程中的化学反应及失重状况。

3.2.6　电子探针（EPMA）分析

将样品切割成 3 mm 厚的薄片，试样选用 40 目、240 目、600 目、800 目、1000 目依次进行研磨，研磨后的样品表面进行机械抛光，将抛光后的样品进行表面喷金处理。将样品置于分析仪中，随机选取 10 个金属颗粒点进行碳含量的分析，取平均值分析该样品的金属相残余碳含量。

3.2.7　性能测试

3.2.7.1　线性收缩率

线性收缩率（LS）通常是指陶瓷类材料在烧结温度下烧结成瓷之后冷却至室温时的尺寸与烧结前的尺寸之差的百分比。一般用生坯（L_1）与被烧试样（L_2）的长度差来确定，计算见式（3-1）：

$$LS(\%) = 100\% \times (L_1 - L_2)/L_1 \tag{3-1}$$

3.2.7.2　抗折强度

抗折强度表示样品在承受弯矩时单位面积的极限折断应力，本研究抗折强度的测试按照国家标准《陶瓷砖实验方法》（GB/T 3810—2006）进行。每个样品取 5 个试样进行测试，并计算其平均值及标准差。

利用划片切割机将制备得到的复合材料样品切割成 3 mm×4 mm×40 mm 的长条，置于 CSS-88000 型电子万能试验机进行测试，并根据式（3-2）进行抗折强度的计算。

$$FS(\text{MPa}) = 3 \times F \times l/(2 \times b \times h^2) \tag{3-2}$$

式中 F——破坏力，N；

l——跨距，mm；

b——试样最大宽度，mm；

h——试样断口处的厚度，mm。

3.2.7.3 密度

密度采用阿基米德法进行测量，每个样品取5个试样进行测试，并取其平均值作为样品的密度。

3.2.7.4 硬度

硬度的测量采用维氏硬度仪进行。将样品切割至5 mm×5 mm×3 mm的长方体，试样选用40目、240目、600目、800目、1000目依次进行研磨，研磨后的样品表面进行机械抛光。将样品置于维氏硬度仪中，压力为9.8 N，保压时间为15 s，每个样品测试10个硬度点，计算其平均值及标准误差。显微硬度测试的基本原理为：利用一定的压力将硬度仪的压头压入待测试样的表面，并且保持一定的时间后撤去压力，采用显微镜观察并测量压痕的长度。计算对角线的平均长度，计算公式见式（3-3）：

$$d = \frac{d_1 + d_2}{2} \tag{3-3}$$

式中 d——对角线的平均长度；

d_1，d_2——两条对角线的长度。

硬度的具体计算公式见式（3-4）：

$$HV = \frac{2F\sin\frac{\theta}{2}}{d^2} = 1.8544\frac{F}{d^2} \tag{3-4}$$

式中 F——载荷；

d——对角线的平均长度；

θ——四棱锥压头两相对面间夹角（本实验中 $\theta = 136°$）。

3.2.7.5 断裂韧性

利用硬度测试的压痕并测量裂纹拓展的长度进行断裂韧性的计算，具体计算公式见式（3-5）：

$$K_{IC} = 0.16\left(\frac{c}{a}\right)^{-1.5}(HVa^{1/2}) \tag{3-5}$$

式中　c——裂纹的平均长度；

a——裂纹对角线一半的平均长度；

HV——维氏硬度。

3.2.7.6　耐酸碱性

取烧结后的样品破碎成 0.5~1.0 mm 的颗粒，利用质量分数为 20% NaOH 和 20% H_2SO_4 分别对该破碎后的样品进行耐碱性和耐酸性的测试。温度为 100 ℃，腐蚀时间为 1 h，计算见式（3-6）：

$$K = (m_1/m) \times 100\% \tag{3-6}$$

式中　K——耐酸碱性；

m_1——腐蚀后样品的质量；

m——腐蚀前样品的质量。

4 还原、烧结过程研究

采用矿物类原料作为主要原料制备 Fe-Al_2O_3 复合材料，矿物的化学成分复杂，除含有主要的铁氧化物外，还含有一定量的杂质氧化物。这些杂质氧化物在还原、烧结过程中可能会产生一系列的中间反应，而这些中间反应的严重与否直接关系到复合材料是否可以成功合成及其力学性能的好坏。因此，需要进行系统的计算并对还原、烧结过程进行研究，为制备工艺参数提供科学的理论指导。

本章将利用物质的吉布斯自由能（Gibbs free energy）函数法，对利用矿物合成复合材料可能发生的中间反应进行计算，分析该过程中各反应的开始反应温度，进而确定各反应发生的先后顺序，并初步分析各温度下产生的物相，为材料合成提供合理的热力学数据。该方法在钛铁矿制备金属陶瓷的研究中已得到应用，如潘复生等[101]利用热力学计算的方法对碳热还原钛铁矿制备复合材料的过程进行了详细的分析。之前的研究中，有研究者对矿物合成复合材料的过程进行了热力学计算[102,103]，但由于本研究采用矿物类原料，且有大量的 Al_2O_3 存在，在还原烧结过程中可能会发生固相反应，例如 $FeAl_2O_4$、Fe_2SiO_4 等相的形成，并且其他杂质氧化物可能发生的反应尚未可知。因此，有必要对矿物合成复合材料的热力学过程进行详细的分析和计算，为矿物合成复合材料工艺参数的确定提供理论指导。

4.1 材料的制备

根据复合材料的目标成分，首先确定了铁精矿与氧化铝的质量比为 1∶1。根据铁精矿的含量添加不同 C/O 摩尔比的活性炭作为还原剂，其中，C/O 摩尔比为铁精矿中所有铁氧化物中含有的氧元素与这些氧元素全部生成 CO 所需的碳含量。考虑到两个方面的原因，一是活性炭中含有少量的灰分；二是活性炭在烧结过程中不可避免有烧损，因此初步选择 C/O 摩尔比为 1.5∶1 和 2∶1 作为计算的基础，具体配料见表 4-1。

表 4-1　样品配料表　　（质量分数,%）

序号	铁精矿	氧化铝	活性炭
A1	43	43	14
A2	41	41	18

将所有原料按照表 4-1 称量配好后，置于行星球磨机中球磨 4 h，分别放入直径为 10 mm、15 mm 及 10 mm 的氧化锆球，球料比为 4∶1，球磨转速为 300 r/min。添加一定量无水乙醇作为球磨介质。球磨后的浆料置于恒温干燥箱中干燥 24 h，取出干燥的粉末封存备用。

利用压片机将不同配方的样品粉末压制成 ϕ20 mm×3 mm 的薄片，置于电阻炉中进行烧结，在不同温度下保温一定时间后取出淬火，将淬火后的样品烘干破碎进行 XRD 分析，以确定不同温度下烧结产物的物相组成。根据 DSC 结果选取的保温温度分别为 500 ℃、700 ℃、900 ℃、1000 ℃、1100 ℃及 1200 ℃，保温时间为 0. 5 h。

4. 2　结果与讨论

4. 2. 1　热力学计算

本研究采用物质吉布斯自由能函数法，对矿物原位合成复合材料过程中可能发生的中间反应进行计算，进而准确判断复合材料的合成过程。物质吉布斯自由能函数法是物理化学中较为简单的计算方法之一。该方法是通过经典计算为基础，但其中进行了简化，即将 $\Delta\Phi'_T$定义为物质吉布斯自由能：

$$\Delta\Phi'_T = \Delta\left(-\frac{G_T^{\ominus} - H_{298}^{\ominus}}{T}\right) = \frac{\Delta H_T^{\ominus} - \Delta H_{298}^{\ominus}}{T} + \Delta S_T^{\ominus} \tag{4-1}$$

对于化学反应则有：

$$\Delta\Phi'_T = \sum (n_i\Phi'_{i,T})_{生成物} - \sum (n_i\Phi'_{i,T})_{反应物} \tag{4-2}$$

又有 $\Delta G_T^{\ominus} = \Delta H_{298}^{\ominus} - T\Phi'_T$，通过热力学数据表查询相应的 $\Delta H_{298}^{\ominus}$和 Φ'_T，即可计算得到各个温度下各反应的吉布斯自由能 ΔG。

根据体系的特点，在还原过程中可能存在的有关铁氧化物的还原反应有 1～9，具体见表 4-2，各反应吉布斯自由能随温度的变化如图 4-1 和图 4-2 所示。

表 4-2 铁氧化物可能发生的反应及其吉布斯自由能计算公式

序号	反应	开始温度/℃
1	$Fe_2O_3+1/3C=2/3\ Fe_3O_4+1/3CO$	308
2	$Fe_2O_3+C=2FeO+CO$	483
3	$Fe_3O_4+C=3FeO+CO$	569
4	$FeO+C=Fe+CO$	747
5	$Fe_3O_4+4C=3Fe+4CO$	690
6	$Fe_2O_3+3C=2Fe+3CO$	637
7	$Fe+1/3C=1/3Fe_3C$	942
8	$Fe_2O_3+11/3C=2/3Fe_3C+3CO$	650
9	$FeO+4/3C=1/3Fe_3C+CO$	764
10	$2FeO+SiO_2=Fe_2SiO_4$	=
11	$FeO+Al_2O_3=FeAl_2O_4$	=
12	$FeAl_2O_4+C=Fe+Al_2O_3+CO$	890
13	$Fe_2SiO_4+2C=2Fe+SiO_2+2CO$	707

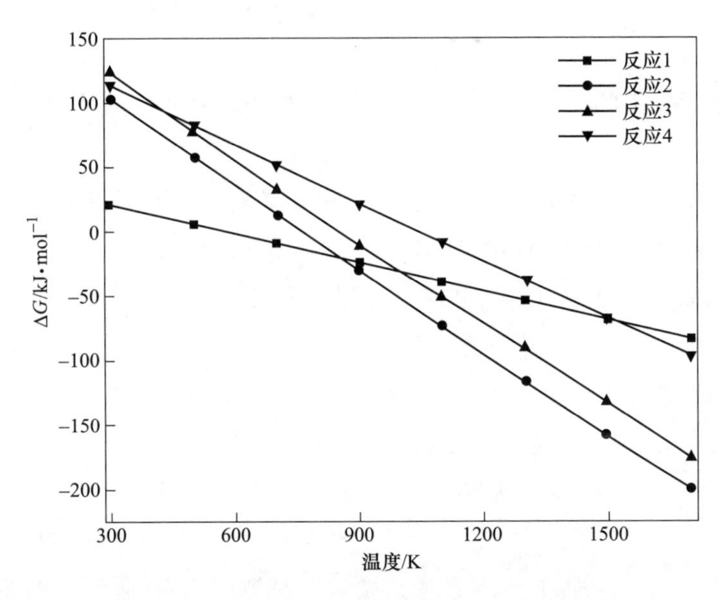

图 4-1 反应 1~4 吉布斯自由能随温度变化曲线

从图 4-1 中可以看到，所有反应发生的先后顺序如下：

（1）首先发生反应的为反应 1，即 Fe_2O_3 被还原为 Fe_3O_4 的反应，开始反应温度为 308 ℃；

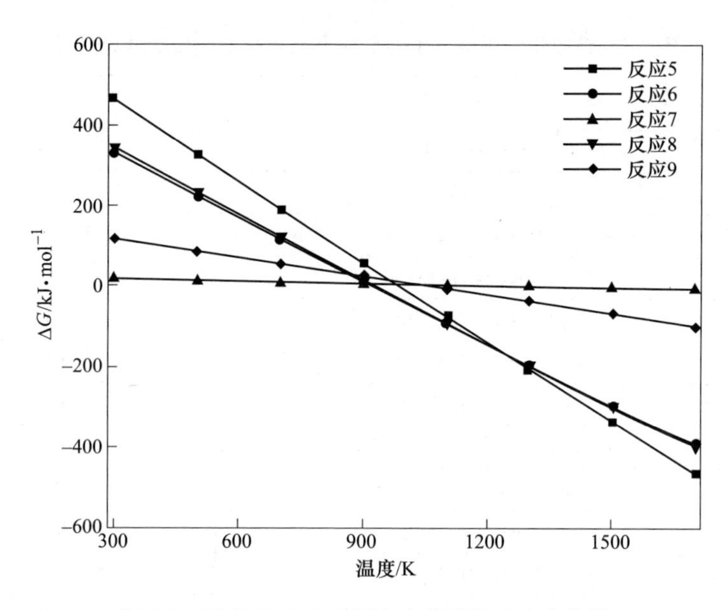

图 4-2　反应 5~9 吉布斯自由能随温度变化曲线

（2）其次发生的反应为反应 2，即 Fe_2O_3 被还原为 FeO 的反应，开始反应温度为 483 ℃；

（3）然后发生的反应为反应 3，即 Fe_3O_4 被还原为 FeO 的反应，开始反应温度为 569 ℃；

（4）接下来可能发生的反应为反应 6 和反应 8，Fe_2O_3 被还原为 Fe 和 Fe_3C，开始反应温度分别为 637 ℃和 650 ℃；

（5）然后是反应 5，Fe_3O_4 被直接还原为单质 Fe，该反应的开始反应温度为 690 ℃；

（6）后续便是关于 FeO 的还原反应，FeO 与活性炭反应生成 Fe 或 Fe_3C，即反应 4 和反应 9，开始反应温度分别为 747 ℃和 764 ℃；

（7）最后是 Fe 与 C 合成 Fe_3C，该反应的开始反应温度为 942 ℃。

通过以上分析发现，从理论来看，首先发生的是 Fe_2O_3 还原为 Fe_3O_4，其次发生的为 Fe_2O_3 和 Fe_3O_4 的碳热还原，脱氧得到 FeO，FeO 脱氧得到 Fe。还原过程中残余的 Fe_2O_3 和 Fe_3O_4 可能会被直接还原为 Fe。同时，FeO 与 C 也可能反应形成 Fe_3C。

另外，表 4-2 中显示的反应 10 ~ 13 为 FeO 与 Al_2O_3（SiO_2）形成 $FeAl_2O_4$（Fe_2SiO_4），以及 $FeAl_2O_4$、Fe_2SiO_4 被活性炭还原的反应及其开始反应温度。

图 4-3 为反应 10~13 吉布斯自由能随温度变化曲线。从图中可以看到，FeO 与 SiO_2 形成 Fe_2SiO_4（反应 10）的反应及 FeO 与 Al_2O_3 形成 $FeAl_2O_4$（反应 11）的反应在小于 1400 ℃的温度范围内吉布斯自由能始终处于负值，说明这两个反应较易发生。并且与反应 10 相比，反应 11 的吉布斯自由能值更负。因此，在体系中存在 FeO 时，反应 11 优先发生。而 $FeAl_2O_4$（反应 12）的还原反应理论开始温度为 890 ℃；Fe_2SiO_4 的还原反应（反应 13）的吉布斯自由能计算发现 700 ℃以上可被 C 还原形成 Fe 和 SiO_2。从理论上来看，原料中的 SiO_2 及 Al_2O_3 会结合铁氧化物，从而影响还原反应的发生，但温度升高时，这些化合物可以被活性炭还原。

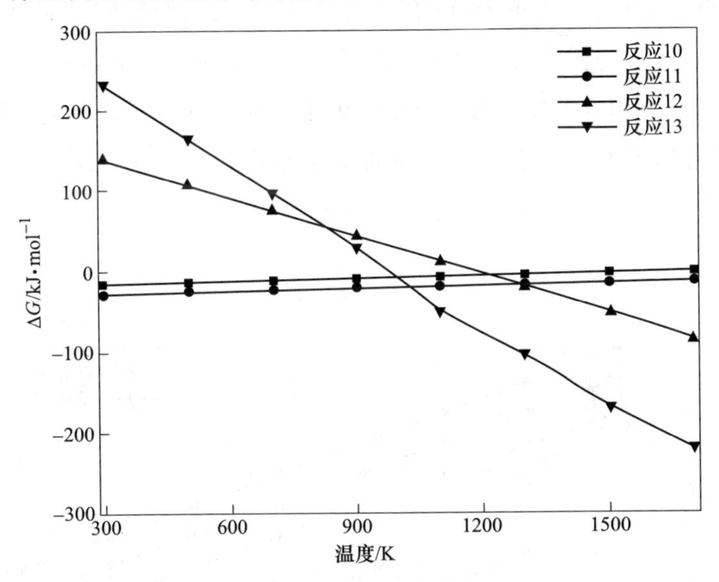

图 4-3 反应 10~13 吉布斯自由能随温度变化曲线

矿物类原料中，除含有复合材料制备的主要元素外，还含有少部分氧化物杂质，而这些氧化物杂质在烧结过程中是否会随着铁氧化物的还原被还原为单质或发生其他化学反应是本研究中区别于其他化学纯材料制备的关键，也是能否保证材料整体性能的根本所在。根据体系的特点，其他氧化物可能发生的有反应 14~17，具体反应见表 4-3。

表 4-3 非铁氧化物可能发生的反应及其吉布斯自由能计算公式

序号	反应	开始温度/℃
14	$SiO_2+2C=Si+2CO$	1638
15	$SiO_2+3C=SiC+2CO$	1473

续表 4-3

序号	反应	开始温度/℃
16	$MnO_2+2C=Mn+2CO$	552
17	$TiO_2+3C=TiC+2CO$	1261

上述各反应的吉布斯自由能随温度变化曲线如图 4-4 所示。从图中可以看到，有关 SiO_2 被活性炭还原的有反应 14 和反应 15，即被还原为单质 Si 或者还原为 SiC。两个反应的起始反应温度均较高，分别为 1638 ℃和 1473 ℃。反应 16 为矿物中的氧化锰被还原为单质锰的反应，可以看到开始反应的温度大约在 552 ℃，该反应在烧结过程中可能会发生。反应 17 为 TiO_2 与活性炭反应生成 TiC，该反应在温度高于 1260 ℃吉布斯自由能为零，反应可能开始发生。但一方面该温度已经接近体系的烧结温度，反应的驱动力并不大，另一方面由于在该温度下，TiO_2 与 SiO_2 等氧化物可能已经生成液相[104]。

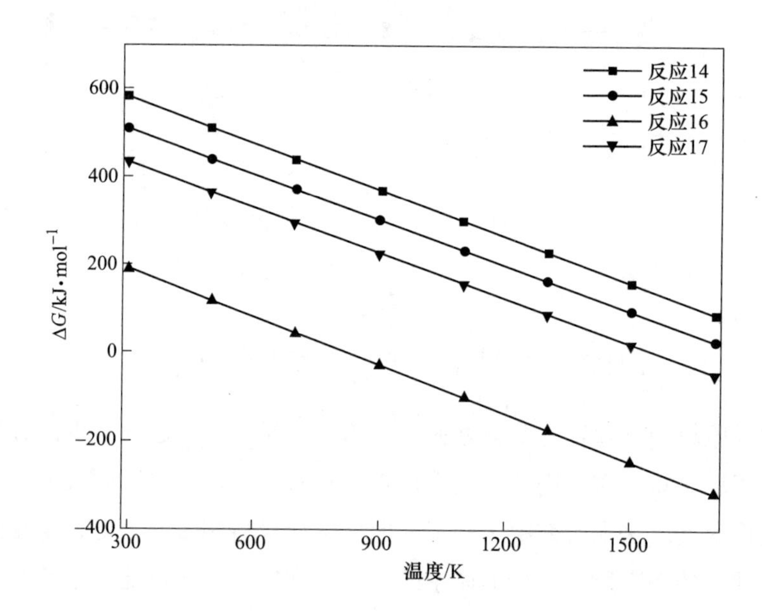

图 4-4 反应 14~17 吉布斯自由能随温度变化曲线

综上所述，体系中的杂质氧化物主要有如下几类：一是 MgO、CaO、Na_2O、K_2O 等活泼金属的氧化物，这些氧化物与氧的亲和力较高，在该条件下不可能与活性炭发生反应；二是 SiO_2、TiO_2 这类氧化物，这些氧化物与碳的反应起始温度较高，所以这类氧化物的反应不发生或者部分发生；三是 MnO_2，该物质与活性炭的反应起始温度较低，只要具备了合适的动力学条件，烧结过程中该类反应较容易发生。该分析仅仅是基于热力学的计算，而反应的发生与否不仅与热力学条件相关，还受到动力学条件的制约。因此，将利用 XRD 对不同配碳量样品在不同的保温条件下的物相进行分析。

通过上文热力学计算发现，体系中的 SiO_2、MgO 及 CaO 等杂质氧化物并不会与活性炭发生反应。因此，可以推断其在高温过程中可能形成玻璃相。利用 FactSage 软件对 SiO_2、CaO、MgO、FeO、Al_2O_3 五种氧化物不同的组合进行了相图的计算，其中，由于体系始终处于还原性气氛中，Fe_2O_3 很难在这种条件下存在，因此选择 FeO。结果如图 4-5~图 4-7 所示。

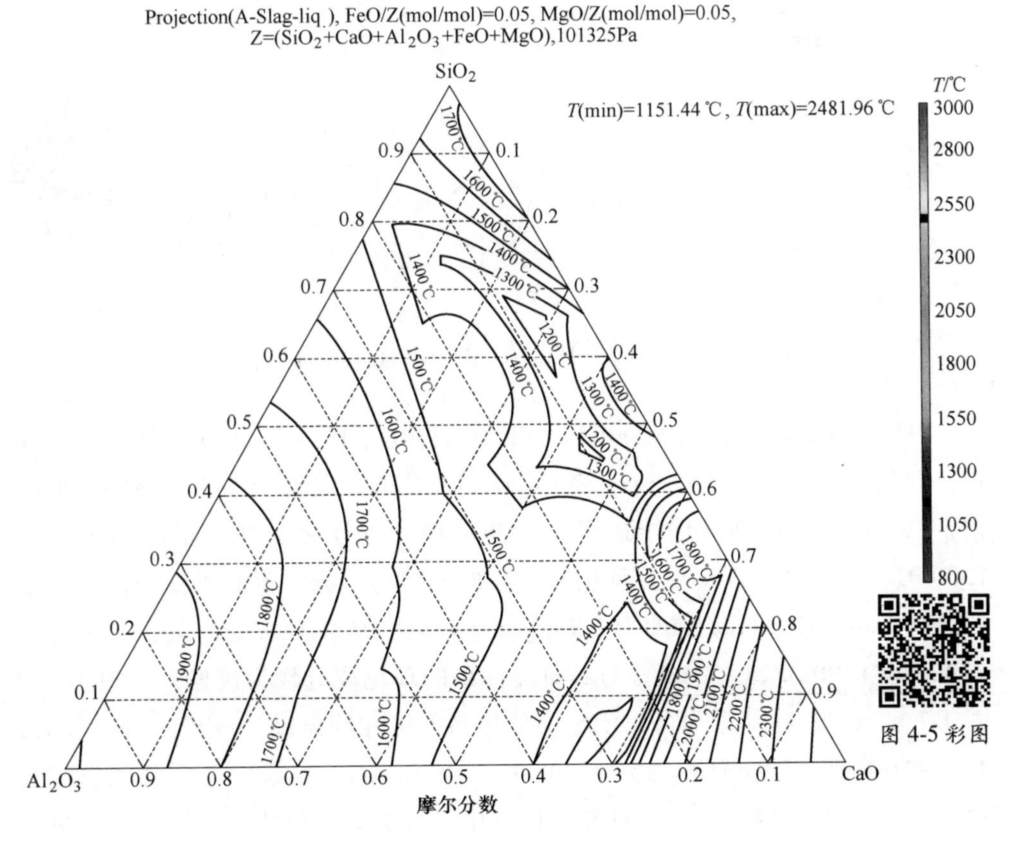

图 4-5 SiO_2-Al_2O_3-CaO-5%FeO-5%MgO 相图计算结果

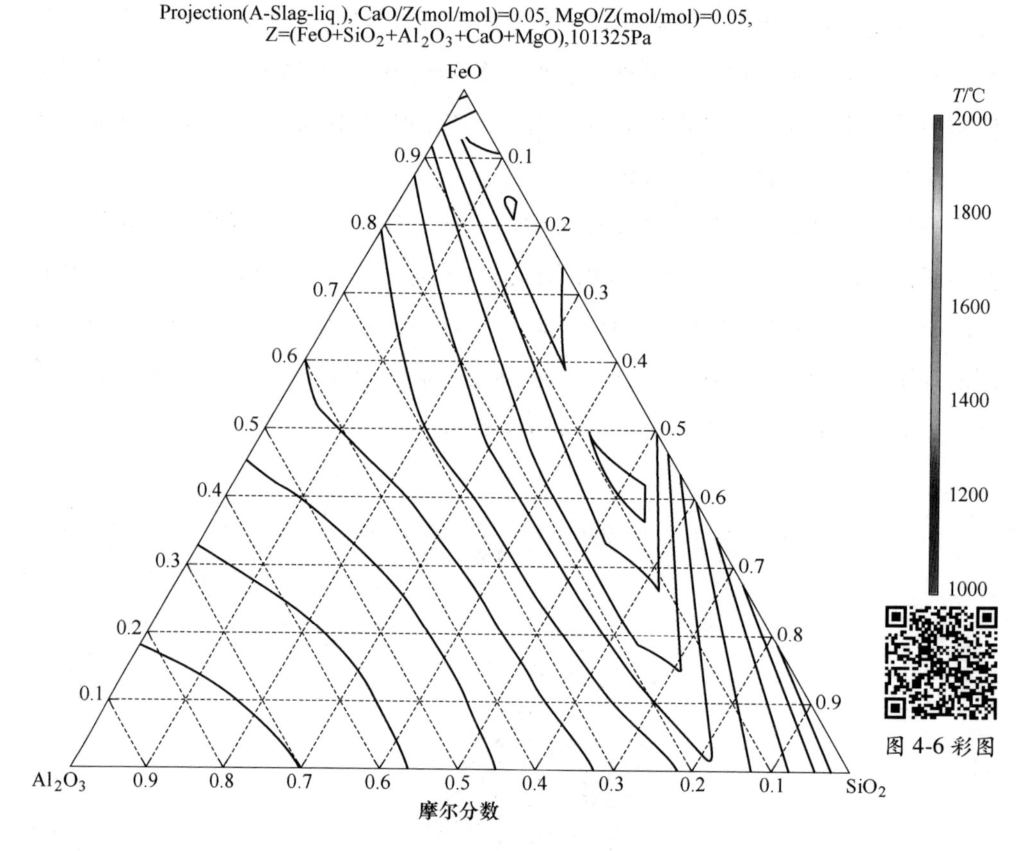

图 4-6　SiO_2-Al_2O_3-FeO-5%CaO-5%MgO 相图计算结果

根据表 4-2 矿物化学成分可以发现，若 SiO_2、CaO 及 MgO 全部形成玻璃相，则其理论成分为 56%SiO_2-27%CaO-17%MgO，但由于 FeO 及 Al_2O_3 的存在，二者势必会在高温烧结过程中参与玻璃相的生成，共融温度为 1200～1300 ℃。通过图 4-5 发现，氧化铝参与玻璃相的形成并不能明显降低液相线的温度，在 60%SiO_2-23%CaO-9%Al_2O_3-4%FeO-4%MgO 成分附近，共融温度为 1200～1300 ℃，这一成分与本研究体系的理论成分较为接近。而图 4-6 和图 4-7 显示，FeO 的参与可以明显降低体系的液相线温度。液相区域也较大，35%～70%SiO_2-10%Al_2O_3-15%～40%FeO-8%CaO-4%MgO 成分的共融温度为 1100～1300 ℃。因此，可以推断，体系中所含的杂质氧化物会结合一定量的 FeO 及 Al_2O_3 形成液相，在冷却过程中则会以玻璃相的形式析出。

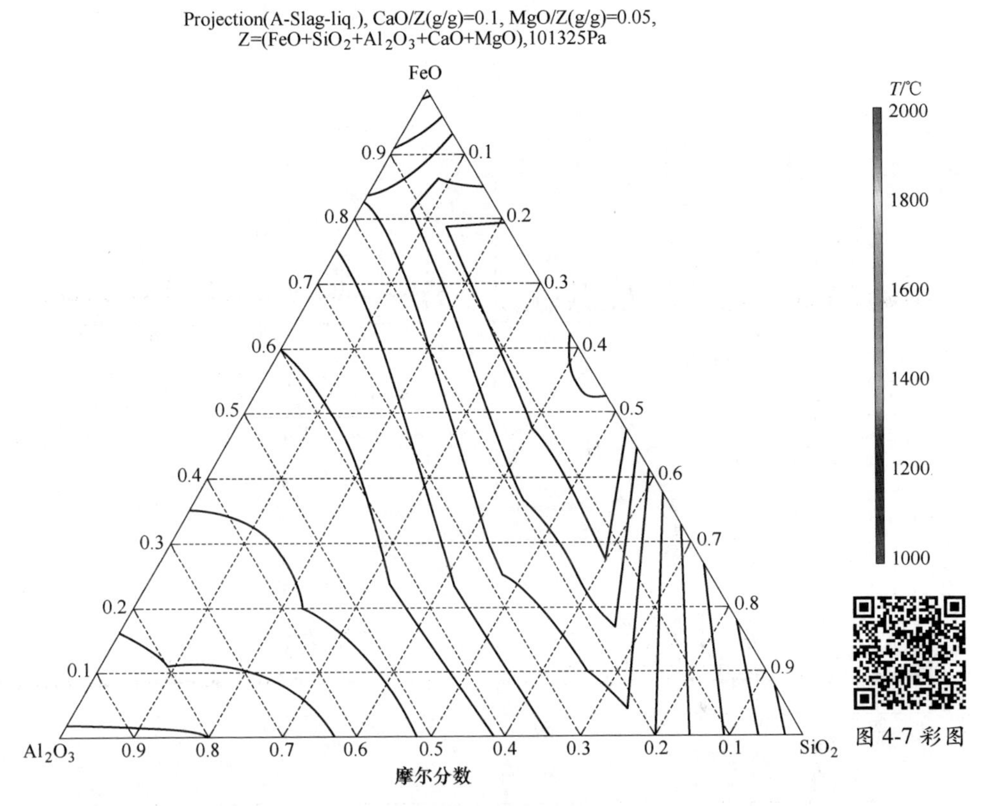

图 4-7 SiO_2-Al_2O_3-FeO-10%CaO-5%MgO 相图计算结果

4.2.2 还原过程的研究

为了研究 Fe-Al_2O_3 复合材料的烧结过程，图 4-8 为样品 A1 的 TG-DSC 曲线

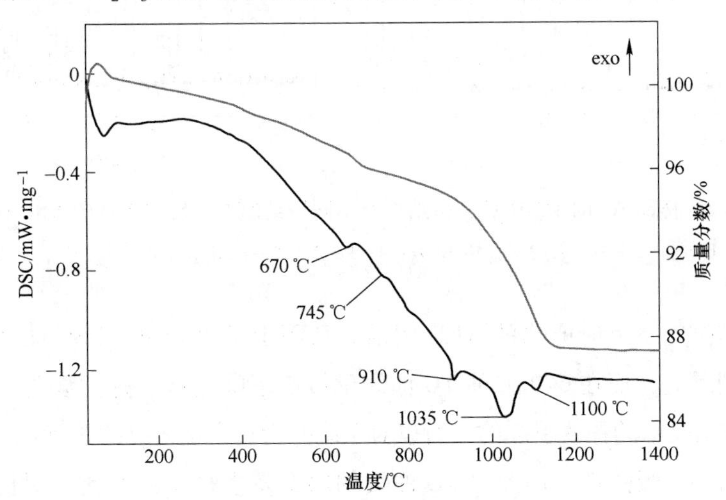

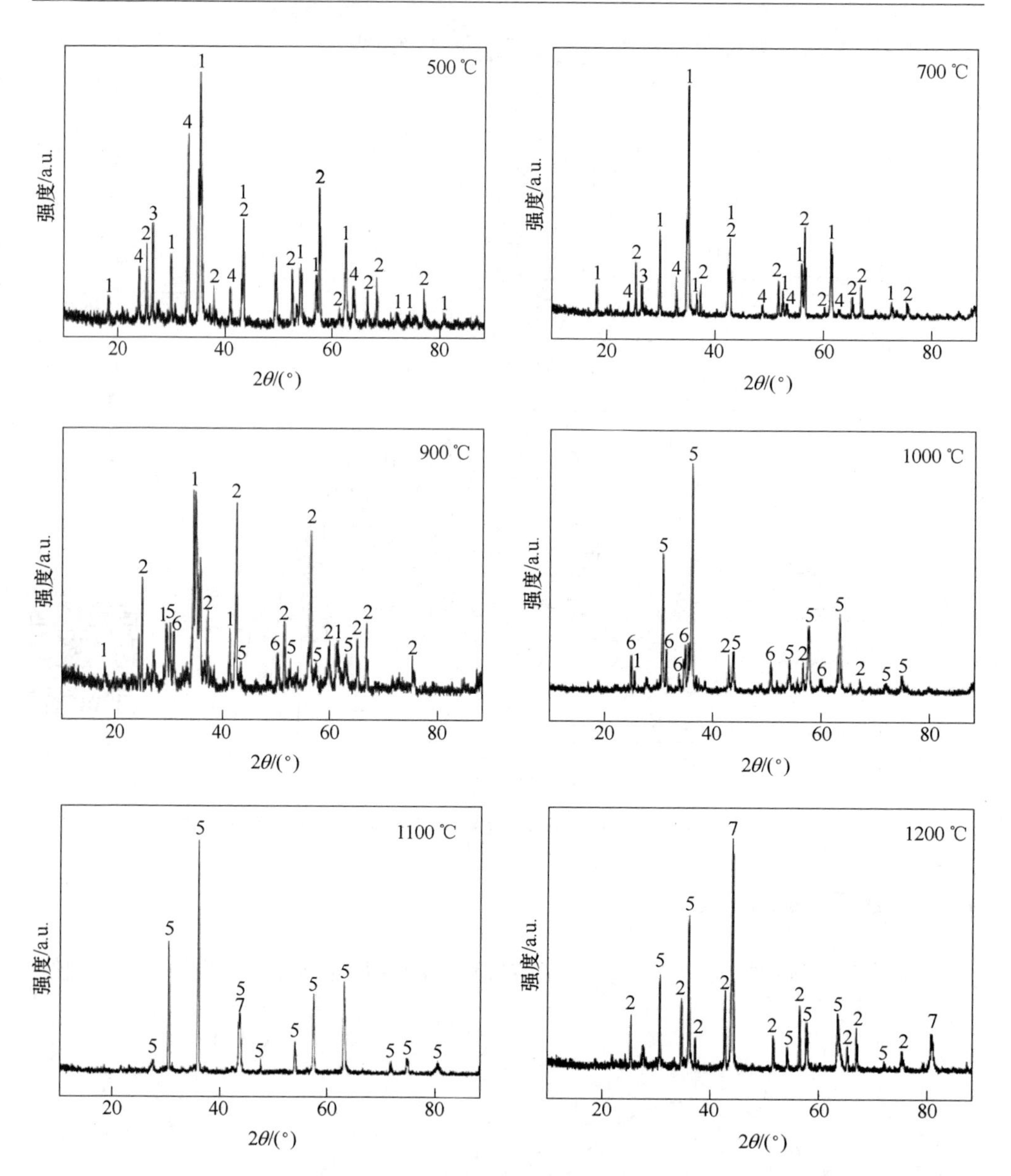

图 4-8　样品 A1 的 TG-DSC 分析结果及不同烧结温度下反应产物的 XRD 图谱

1—Fe_3O_4；2—Al_2O_3；3—$CaMgSi_2O_6$；4—Fe_2O_3；5—$FeAl_2O_4$；6—Fe_2SiO_4；7—Fe

及不同烧结温度下反应产物的 XRD 图谱。从图中可以看出，DSC 曲线在 670 ℃前未检测到反应，而在 670 ℃前 TG 曲线呈缓慢下降趋势。这主要是由于体系中的自由水和结晶水的释放引起的，所以对系统并没有产生明显的热扰动。在 670 ℃时检测到第一个吸热峰，而此时 TG 曲线的斜率发生轻微的变化。对比 500 ℃和

700 ℃下的产物，发现 Fe_3O_4 的衍射峰强度有所增强，同时，Fe_2O_3 的衍射峰强度减弱，说明体系中 Fe_2O_3 的含量显著降低。结合体系的特点，该反应是由活性炭将 Fe_2O_3 还原为 Fe_3O_4 引起的[105]，这与铁矿石中的磁化焙烧是相同的，即在一定温度下、一定的还原性气氛中焙烧铁矿，使弱磁性的 Fe_2O_3 还原为强磁的 Fe_3O_4。

DSC 曲线显示，第二个弱吸热峰出现在 745 ℃。通过 900 ℃产物的 XRD 分析表明，此时 Fe_2O_3 的衍射峰全部消失，说明该吸热峰为 Fe_2O_3 被还原。通过 700 ℃和 900 ℃产物的 XRD 图对比分析发现，900 ℃时的 XRD 图谱中 Fe_2O_3 全部消失，取而代之的是大量的 $FeAl_2O_4$和少量的 Fe_2SiO_4。说明该升温段有大量 FeO 的产生，同时生成的 FeO 与体系中的 Al_2O_3/SiO_2 发生反应形成 $FeAl_2O_4/Fe_2SiO_4$。由上述热力学计算可知，Fe_2O_3 被还原为 FeO 的开始温度为 483 ℃。而 Al_2O_3 与 FeO 的反应及 SiO_2 与 FeO 的反应在低于 1400 ℃始终为负值，说明这两个反应较易发生，只有体系中有 FeO 的存在，便会与 Al_2O_3/SiO_2 发生反应。因此，说明该吸热峰为 Fe_2O_3 被还原为 FeO 引起的。

在 910 ℃时 DSC 曲线出现了第三个吸热峰，TG 曲线显示，从这个温度开始体系的失重速率明显增加。根据吉布斯自由能的计算结果，这个吸热峰可能与三种化学反应有关。第一个反应是 Fe_3O_4 还原为 FeO，理论起始温度为 569 ℃。第二个反应是 Fe_3O_4 还原为 Fe，理论起始温度为 689 ℃。第三个反应是 FeO 还原为 Fe，理论起始温度为 747 ℃。结合 XRD 结果分析可知，1000 ℃烧结产物物相分析显示体系中的 Fe_3O_4 的衍射峰几乎全部消失，而出现了大量的 Fe_2SiO_4 及 $FeAl_2O_4$ 的衍射峰，说明该反应是由于 Fe_3O_4 被活性炭还原为 FeO 引起的[106]，而产生的 FeO 与 SiO_2/Al_2O_3 合成 Fe_2SiO_4及 $FeAl_2O_4$。此时系统中未检测到单质铁的存在，说明反应 5 和反应 6 虽然具备了发生的热力学条件，但反应并没有充分发生。通过碳还原铁氧化物的平衡三相成分与温度的关系图可知，当温度高于 570 ℃时，Fe_2O_3 及 Fe_3O_4 的还原必然需要经过 FeO。

DSC 曲线的第四个吸热峰出现在 1035 ℃。根据吉布斯自由能的计算，所有与铁氧化物有关的反应都满足这个温度下的热力学条件。从相分析可以看出 1100 ℃时体系中出现了单质铁。与 1000 ℃下的结果相比，体系中 Fe_2SiO_4 的衍射峰几乎消失。因此，引起该吸热峰的反应为 Fe_2SiO_4 被还原为 Fe 和 SiO_2。同时，还发现 1100 ℃产物 XRD 只有 $FeAl_2O_4$ 的衍射峰，并没有 Al_2O_3 的衍射峰，说明 $FeAl_2O_4$ 的还原反应还未开始。这与前文的吉布斯自由能计算结果一致。

1100 ℃时 DSC 曲线出现了第五个吸热峰。在 1200 ℃进行相分析，单质 Fe 的衍射峰继续增强，$FeAl_2O_4$ 的含量逐渐减少，同时出现了大量 Al_2O_3 的衍射峰，说明吸热峰是由 $FeAl_2O_4$ 的还原引起的。反应 7 和反应 8 的初始反应温度较低，但 XRD 中没有发现 Fe_3C 的存在。这主要有两个方面的原因，一方面是 Fe_3C 极易分解为铁和纳米碳[107]，另一方面则是 Fe_3C 通常也可作为还原剂与铁氧化物发生反应[108]，即使在还原过程中有 Fe_3C 的产生也会与铁氧化物发生反应而消耗。

在烧结过程中，非铁氧化物的存在可能与活性炭发生反应，通过上一节的分析发现 MnO_2 的还原反应是在较低的温度下进行的，但在 XRD 图谱中没有发现与锰有关的衍射峰。实际上，MnO_2 在烧结过程中被还原并且溶解于铁液中，在冷却过程中析出为 MnS，这一问题将在后续的章节中进行深入的介绍。

图 4-9 为样品 A2 的 TG-DSC 分析结果。结果发现，DSC 曲线中各放热、吸热峰的位置几乎没有变化，说明增加还原剂并没有对各氧化物的还原顺序产生任何影响。同时，增加还原剂的量也没有带来其他副反应。

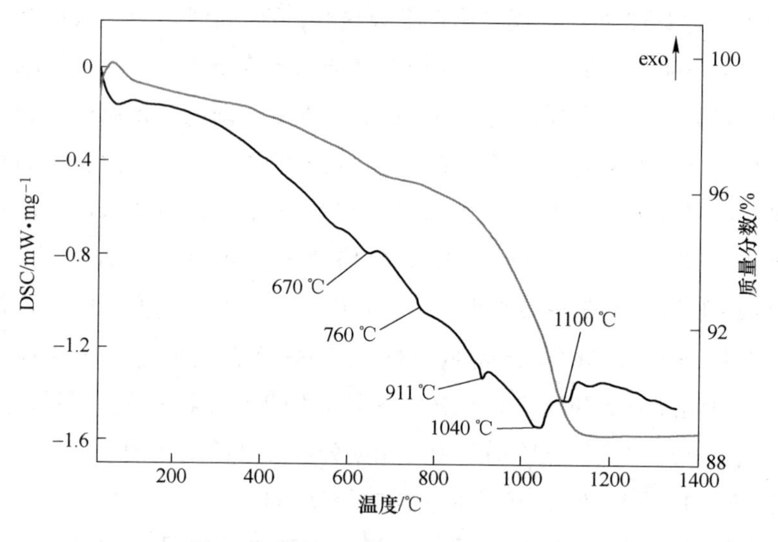

图 4-9　样品 A2 的 TG-DSC 分析结果

通过以上分析可以发现，利用铁精矿碳热还原法制备复合材料在原则上是可行的。氧化铁逐渐还原为铁元素，即按 Fe_2O_3-Fe_3O_4-FeO-Fe 的顺序。同时，也并没有发现矿物中的杂质氧化物参与发生大量的副反应而影响还原烧结过程。

4.2.3 还原温度及还原时间的影响

由于还原剂的配入量对还原过程不产生影响，因此，取样品 A1 为例，分别选取不同的还原温度保温不同时间以研究合适的还原条件。图 4-10 为还原温度 1200 ℃，分别保温 0.5 h、1 h、2 h、3 h 的 XRD 图谱。从图中可以看到，保温 0.5 h 的 XRD 图谱显示样品中含有 Fe、Al_2O_3 及未反应的 $FeAl_2O_4$。保温时间为 1 h 时，样品中 Fe 和 Al_2O_3 的衍射峰有所增强，$FeAl_2O_4$ 的衍射峰相对减弱。随着还原时间的增加，$FeAl_2O_4$ 的衍射峰强度逐渐降低，而单质 Fe 的衍射峰强度逐渐增加。然而，即使还原 3 h 后，样品中仍可以看到未还原的 $FeAl_2O_4$ 衍射峰存在，说明此时的还原温度较低，还原反应的速率较慢。图 4-11 为还原温度 1300 ℃，分别保温 0.5 h、1 h、2 h、3 h 的 XRD 图谱，从图中可以看到，还原时间为 0.5 h 和 1 h，样品中仍残留有少量的 $FeAl_2O_4$，而当还原时间超过 2 h 时，样品中所有的铁氧化物全部被还原，没有任何与铁氧化物相关的衍射峰存在。而当还原温度为 1400 ℃时，如图 4-12 所示，还原时间为 1 h 时，样品中残留极少量的 $FeAl_2O_4$，当还原时间为 2 h 以上时，还原反应充分发生，样品中无残留铁氧化物存在。

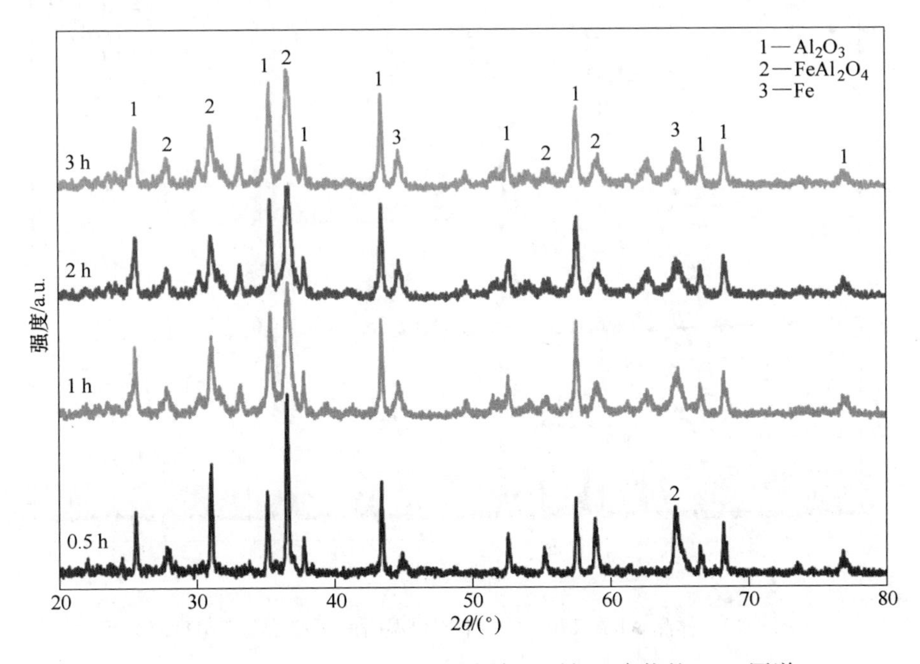

图 4-10 样品 A1 在 1200 ℃、不同保温时间下产物的 XRD 图谱

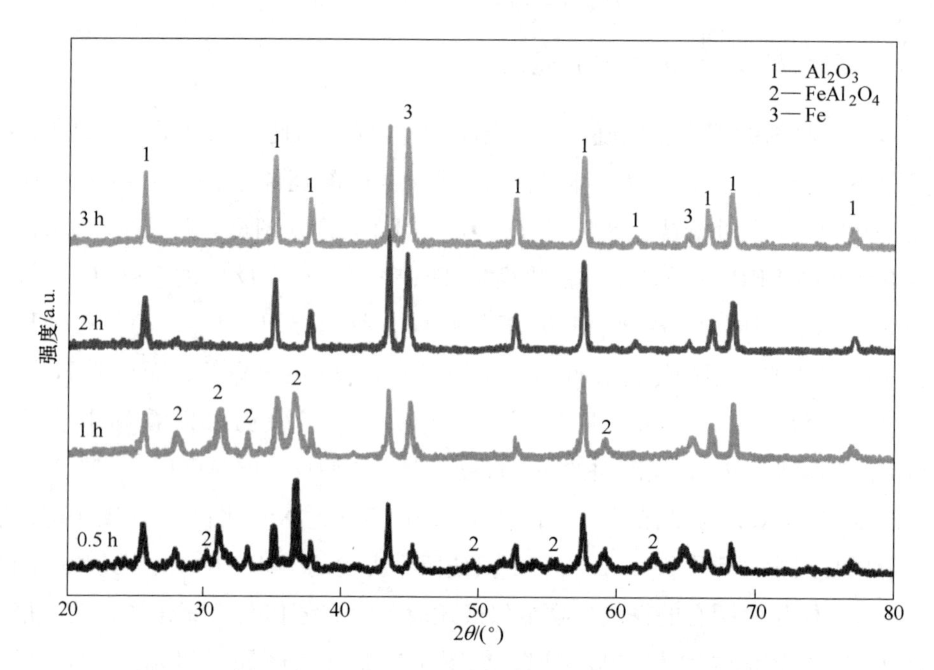

图 4-11　样品 A1 在 1300 ℃、不同保温时间下产物的 XRD 图谱

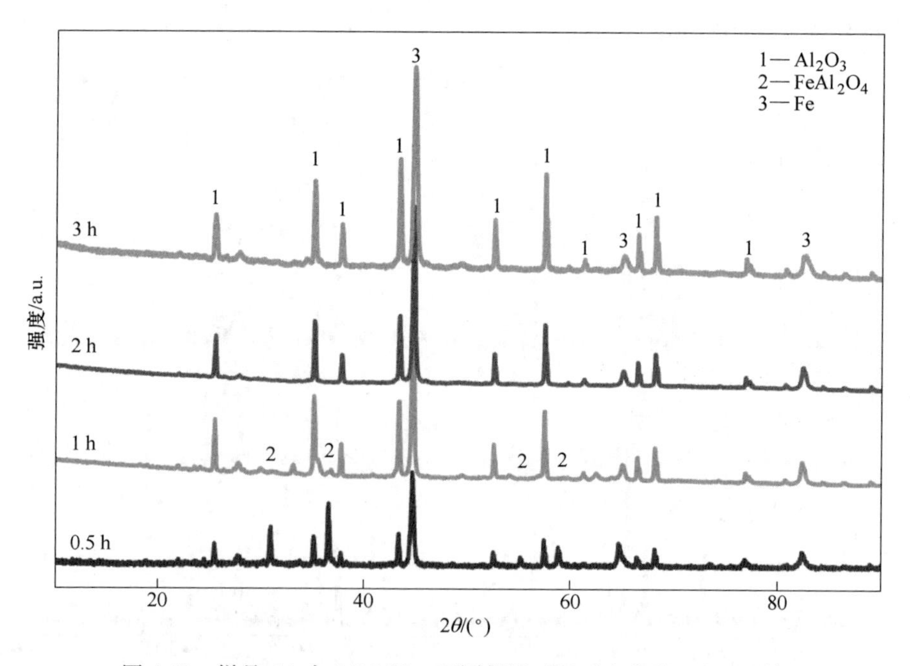

图 4-12　样品 A1 在 1400 ℃、不同保温时间下产物的 XRD 图谱

升高温度与增加反应时间对于铁氧化物的还原是有利的，但还原温度应当大

于 1300 ℃，还原时间应当超过 2 h 为宜。

4.3 本 章 小 结

通过吉布斯自由能计算的方法从理论上计算了体系中铁氧化物及非铁氧化物可能发生的各反应的开始反应温度，并对不同温度下的烧结产物进行了分析，主要结论如下：

（1）计算结果显示铁氧化物的还原为逐步脱氧过程，即由 Fe_2O_3-Fe_3O_4-FeO-Fe 的还原过程，首先是 Fe_2O_3 还原发生在 670 ℃左右，还原产物为 Fe_3O_4；温度升高至 760 ℃以上时，样品中 Fe_2O_3 开始还原，反应产物为 FeO；温度升高至 900 ℃以上，Fe_3O_4 的还原反应开始，产物为 FeO；其中，由于有 SiO_2 和 Al_2O_3 的存在，体系中反应得到的 FeO 会与 SiO_2 或 Al_2O_3 反应生成 Fe_2SiO_4 或者 $FeAl_2O_4$；温度升高至 1030 ℃左右，Fe_2SiO_4 的还原反应开始，产物为 Fe 和 SiO_2；温度升高至 1100 ℃以上，$FeAl_2O_4$ 被还原，产物为 Fe 和 Al_2O_3。

（2）对于体系中的非铁氧化物杂质，计算发现 MnO_2 的还原在较低温度下便可以发生，但可能由于体系中 MnO_2 的含量较低造成 XRD 中并未检测到 Mn 相关衍射峰的存在。而 SiO_2 及 TiO_2 与活性炭的开始反应温度接近或略高于本研究设计的烧结温度，因此需后续的实验证明其是否发生反应。通过对不同烧结温度及不同保温时间下物相的分析研究发现，烧结温度应高于 1300 ℃，保温时间应高于 2 h。

（3）通过理论及实验的分析发现，利用白云鄂博矿物作为主要原料制备 Fe-Al_2O_3 复合材料，在理论上是可行的，铁氧化物可以被全部还原为单质铁，而矿物中所含的杂质氧化物也并没有发生大量的副反应而影响整个还原、烧结过程，最终的样品中只含有 Al_2O_3 及 Fe。

5 复合材料的合成及强韧化机制的分析

通过第 4 章对两种不同配碳量情况下样品的烧结过程及烧结产物进行了研究。结果表明，在预设的制备工艺条件下，首先铁氧化物可以全部被还原为单质铁；其次矿物中含有的非铁氧化物不会随着铁氧化物的还原而发生有害的反应，烧结过程可控。而利用该方式是否可以合成致密且具备优异性能的复合材料，需要对其工艺条件进行深入的摸索。

本章主要从制备工艺入手，深入考察各因素对样品制备过程的影响。本研究主要选取了配碳量、烧结温度及保温时间三个影响烧结过程的主要因素进行研究，分析配碳量、烧结温度及保温时间对样品的物相组成、微观结构及综合性能产生的影响，得到最佳的制备工艺条件。由于本研究利用矿物作为主要原料，而利用矿物的主要特点是在利用其主要元素之外，会有其他共生元素的引入，这些元素在材料的制备过程中是否会对材料的结构和性质产生影响也是本研究较为关注的地方。

5.1 材料的制备

5.1.1 成分设计

根据第 4 章复合材料还原、烧结过程的研究，在原有配碳量基础之上，增加其他不同 C/O 比的样品以分析不同配碳量对复合材料结构和力学性能的影响，详见表 5-1。

表 5-1 样品的配料表 （质量分数,%）

样品	铁精矿	氧化铝	活性炭（C/O 比）
A1	45	45	10(1.1：1)
A2	43	43	14(1.5：1)
A3	41	41	18(2.2：1)

续表 5-1

样品	铁精矿	氧化铝	活性炭（C/O 比）
A4	39	39	22(3∶1)
A5	36	36	28(3.7∶1)

5.1.2 复合材料制备过程

按照粉末冶金的方法进行复合材料的制备，大体分为粉体制备、压制成型、烧结等阶段，本实验的具体制备流程如下：

（1）粉体制备。根据表 5-1 的配料表，取相应的物质混合。将称量好的粉末在 300 r/min 的球磨机中混合 4 h，球磨介质为无水乙醇，球料比为 4∶1。将得到料浆置于 95 ℃干燥箱中干燥 24 h，粉料彻底干燥后封存备用。

（2）压制成型。利用单轴成型的方式将混合物压制成 ϕ40 mm×5 mm 的样品，成型压力为 25~30 MPa。

（3）烧结。为保证还原得到的金属不发生二次氧化，将成型后的样品置于氧化铝坩埚中，用石墨粉覆盖，采用石墨埋烧的方式进行烧结。升温速率为 5 ℃/min，在达到烧结温度后保温一定时间随炉冷却至室温后取出。具体制备流程如图 5-1 所示。

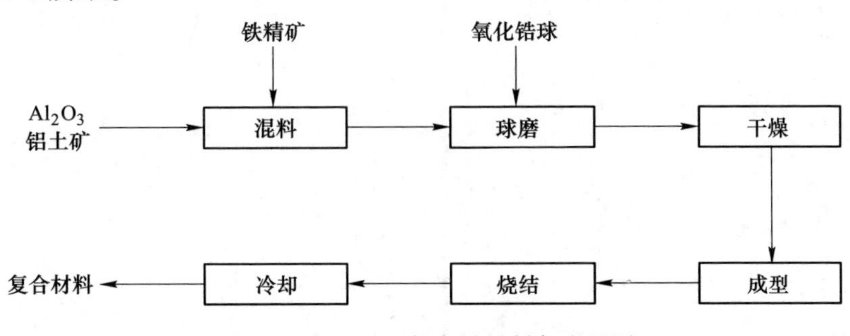

图 5-1 Fe-Al_2O_3 复合材料制备流程图

5.2 结果与讨论

5.2.1 配碳量对样品结构及性能的影响

5.2.1.1 配碳量对样品物相及结构的影响

图 5-2 为样品 A1~A5 经 1400 ℃烧结后的实物图，其中，样品 A5 已经发生

明显的变形，因此后续并没有对 A5 样品进行结构及性能的研究。

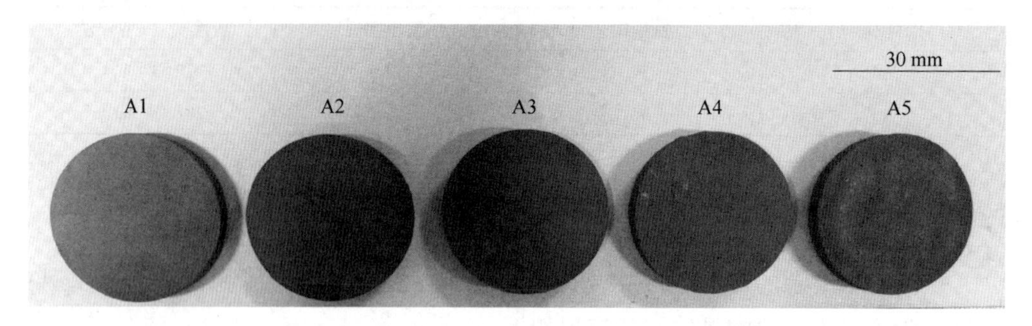

图 5-2　经 1400 ℃烧结后 A1～A5 样品的实物图

为了确定复合材料样品的物相组成，对样品 A1～A4 进行 XRD 分析。图 5-3 显示不同样品在 1400 ℃烧结后样品 A1～A4 的 XRD 图谱，图中从下至上依次为 A1、A2、A3 及 A4 样品。

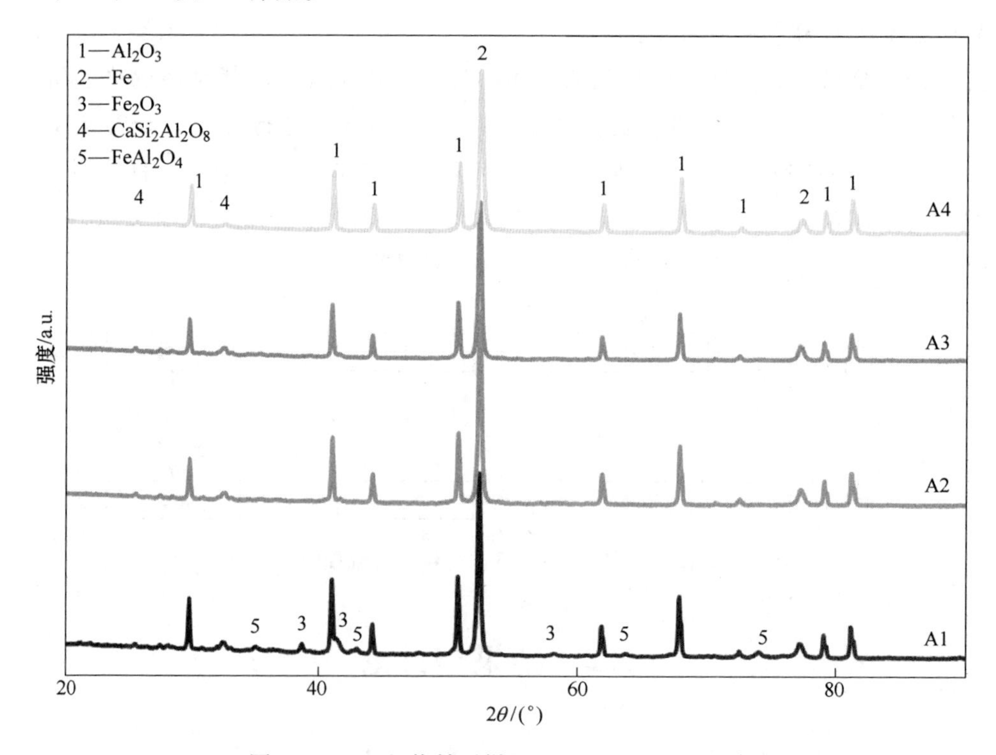

图 5-3　1400 ℃烧结后样品 A1～A4 的 XRD 图谱

从图 5-3 中可以看到，在 A1 样品中残留部分铁氧化物及微量的 $FeAl_2O_4$，说明在该配碳量条件下还原反应进行不完全。当增加样品中的配碳量，原料中的铁氧化物全部还原为单质铁，A2、A3、A4 样品的 XRD 图谱显示与铁氧化物相关的衍射峰全部消失，说明烧结温度为 1400 ℃时，C/O 比高于 1.5∶1，还原反应可以完全进行。同时，4 组金属陶瓷样品中均发现有少量钙长石存在，这是由于原料中含有少量的 SiO_2、CaO，样品中含有充分的 Al_2O_3，因此这些氧化物在烧结过程中形成钙长石晶体[109]：

$$CaO + Al_2O_3 + 2SiO_2 = CaAl_2Si_2O_8 \quad (5\text{-}1)$$

同时，图 5-3 中还发现钙长石的含量随着配碳量的增加而逐渐减少，产生该现象的原因主要是样品中会不同程度的残留微量的铁氧化物，且这些铁氧化物势必会随着配碳量的增加而减少。铁离子可以促进玻璃相分离，为玻璃形核提供驱动力，特别是 Fe^{2+} 作为玻璃网络的修饰离子，可以破坏硅氧网络，从而促进玻璃相的结晶[110]。因此，随着配碳量的增加，铁的氧化物减少，样品中钙长石的数量逐渐减少。

图 5-4 为 A1～A4 样品在 1400 ℃烧结后的 SEM 图。从图 5-4 中可以看到，白色颗粒状物质为金属相，黑色晶体状物质为氧化铝晶体，图中其余存在于金属相

图 5-4　A1～A4 样品在 1400 ℃烧结后的 SEM 照片

(a) A1；(b) A2；(c) A3；(d) A4

与氧化铝相界面处以及氧化铝晶界处的物质为玻璃相。这与本研究最初设计的复合材料的成分基本是一致的，即金属相分布于氧化铝基体中，而矿物中其余元素合成少量玻璃相存在于样品中。从图中还可以看到，样品 A1 和 A2 中，金属铁颗粒均匀地分布于氧化铝基体中，但呈不规则状态存在，如图 5-4（a）和图 5-4（b）所示。而样品 A3 中铁颗粒逐步过渡为椭圆形或近似圆形，如图 5-4（c）所示。样品 A4 中的金属铁颗粒全部为圆形或椭圆形，如图 5-4（d）所示。造成这一现象的原因是随着碳含量的增加，还原得到的金属铁与剩余的碳发生渗碳反应，随着渗碳量的增加，Fe-C 合金的熔点逐渐减低。在相同的烧结温度下，熔点越低，高温时产生的液相其黏度也越小，因此，样品中的金属颗粒逐步变为圆形或者椭圆形。

为了分析原料中 SiO_2、CaO 等氧化物在样品中的赋存状态。以 A4 样品为例进行了 EDS 分析，结果如图 5-5 所示。从图 5-5 中可以看到，铁元素基本全部变为单质铁颗粒嵌布在氧化铝颗粒中。而硅元素、钙元素全部变为玻璃相分布于氧化铝的晶界处及氧化铝与铁颗粒的相界处。同时，通过碳元素的分布图可以看出，并没有 SiC 或者 TiC 等碳化物存在，碳含量较高的区域为金属颗粒，说明碳元素主要以渗碳反应残留于金属颗粒中，在样品中并没有发现有大量游离碳的存在。

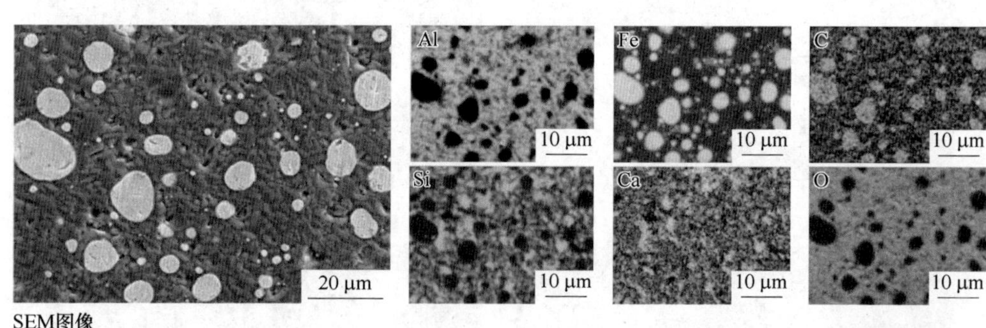

图 5-5　样品 A4 的 EDS 分析结果

图 5-5 彩图

通过 SEM 及 EDS 结果可知，所制备得到的 Fe-Al_2O_3 复合材料与本研究最初所设计复合材料的基本结构吻合。铁氧化物全部被还原为单质铁，而矿物中所含有的 SiO_2、CaO 等杂质氧化物并没有影响复合材料的合成，而是形成玻璃相存在于样品中，对样品的烧结起到一定的促进作用。

根据前文的 XRD 分析，样品中存在少量的钙长石。众所周知，钙长石是脆性相[111]，其含量和分布对材料的力学性能有很大影响。因此，通过 EBSD 分析来确定钙长石的分布。

对 A1 和 A4 样品进行了 EBSD 分析。图 5-6 中（a）~（c）、（d）~（f）分别为 A1、A4 样品的显微组织图、相分布图和 IPFX 分布图。在 A1 样品的相分布图中，

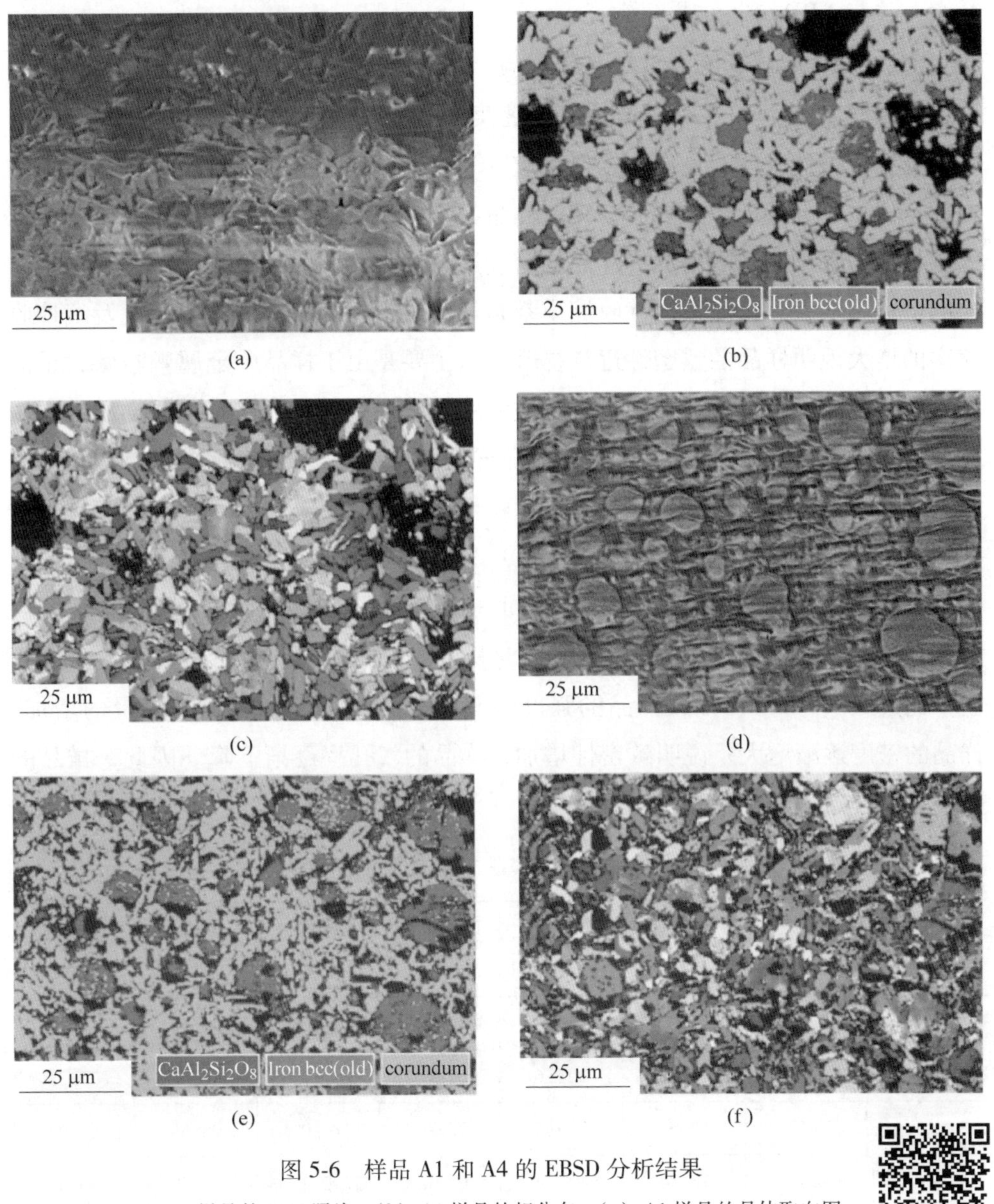

图 5-6 样品 A1 和 A4 的 EBSD 分析结果

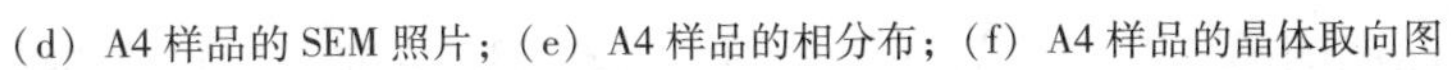
（a）A1 样品的 SEM 照片；（b）A1 样品的相分布；（c）A1 样品的晶体取向图；
（d）A4 样品的 SEM 照片；（e）A4 样品的相分布；（f）A4 样品的晶体取向图

图 5-6 彩图

如图 5-6 彩图（b）所示，绿色区域为氧化铝基体，红色区域为铁，且均匀分布在氧化铝基体中。蓝色区域为钙长石，分布在氧化铝的晶界或氧化铝与铁的相界处。由于钙长石是脆性相，晶界处存在的钙长石会导致裂纹扩展，降低材料的力学性能。从 A4 样品的相分布可以看出，如图 5-6（e）所示，钙长石的含量明显减少，这与 XRD 分析结果一致。

5.2.1.2　配碳量对样品性能的影响

四组样品经 1400 ℃烧结后，对其密度、线性收缩率、抗折强度、断裂韧性、硬度及耐酸碱性进行了测试，结果见表 5-2。由于样品 A5 已经发生明显的变形，内部也发生了分层现象，因此，无法测量其宏观物理和力学性能。从表 5-2 中可以看到，随着碳氧比的增加，样品的密度逐渐增大，同时线性收缩率也随着碳氧比的增加而增大。密度及线性收缩率都是样品致密性的宏观表现，密度及线性收缩率的增大说明样品的致密性逐步提升。这主要是由于样品中金属颗粒碳含量的增大，金属相的熔点逐渐降低，烧结过程中生成更多的液相，有助于样品的致密化。样品的抗折强度随着碳氧比的增加逐渐增大，主要是由于样品的致密性提升，样品具有更高的强度。通常强度依赖于样品的气孔率：

$$\sigma = \sigma_0 \frac{(1 - P)^{\frac{3}{2}}}{1 + 2.5P} \tag{5-2}$$

式中　σ，σ_0——气孔率分别为 P 和 0 时材料的强度。

通过式（5-2）可知，样品的强度与其气孔率成反比。随着配碳量的增加，样品的密度逐渐增大，说明致密性增加，样品的气孔率逐渐下降。因此，样品的强度有所提高。

表 5-2　不同配碳量 1400 ℃性能测试

样品	密度 /g · cm^{-3}	线性收缩率 /%	抗折强度 /MPa	断裂韧性 /MPa · m$^{1/2}$	硬度 /GPa	耐碱性 /%	耐酸性 /%
A1	3.88	15.22	150±9	3.41±0.15	6.80±0.15	98.31	60.32
A2	3.98	15.53	201±6	3.62±0.13	7.14±0.13	98.47	75.31
A3	4.02	17.55	230±5	4.12±0.13	9.99±0.16	98.66	87.03
A4	4.14	18.74	301±4	5.01±0.19	13.12±0.10	98.20	93.40

四组样品的耐碱性几乎没有任何差别，均在 98.5%左右，这主要由于样品中

并不含有可以与碱发生化学反应的物质。而耐酸性则有较大的差别，在A1样品中，耐酸性只有60.32%，说明所有的金属相均与硫酸发生了反应。样品几乎不具有任何耐酸性，而随着配碳量的增加，样品的耐酸性也随着增强。在A4样品中，耐酸性可以达到93.40%。产生较高耐酸性的主要原因在于玻璃相的存在，从SEM中可以看到，玻璃相存在于金属相与陶瓷相的相界面处，将金属相包裹其中以抵抗硫酸的侵蚀。但A1样品耐酸性较差主要受样品气孔率的影响，从密度及线性收缩率来看，A1样品的致密性较差，内部存在大量的气孔，使得玻璃相不能完全包裹金属颗粒，造成耐酸性的下降。

由于一般的含铁复合材料几乎不具备较高的耐酸性，通常采用含W、Ni、Co、Mo的复合材料作为耐酸复合材料使用。而本研究的含铁复合材料可以具有较高的耐酸性，可大大拓宽其应用之路。

5.2.1.3　残余碳分析

由于样品的配碳量均高于理论所需的活性炭量，因此有必要对样品中的残余碳进行分析，首先采用化学分析方法对样品整体的残余碳情况进行分析，结果见表5-3。

表5-3　样品A1~A4残余碳含量分析结果　（质量分数，%）

样品	A1	A2	A3	A4
碳含量	0.413	1.101	2.468	3.219

由于金属铁与碳在高温下极易发生渗碳反应。因此，采用电子探针对样品A1~A4中金属相的碳含量进行了分析，结果见表5-4。从表5-4中可以看到，样品A1的碳含量仅为0.413%，样品A2中，碳含量约为1.1%，样品A3中金属碳含量约为2.5%，而样品A4的碳含量升高至3%左右。通过Fe-C相图[112]可知，随着碳含量的升高，金属相的熔点及液相的黏度逐渐降低。通过对比表5-3及表5-4发现，每组样品中整体的碳含量略高于金属相中的碳含量，说明样品中大部分的碳是由于其与铁发生渗碳反应而残留于金属相中。而样品中并没有残留大量的游离碳，这与上一节中能谱分析结果中碳元素的富集情况一致。产生这样的原因在于，本研究是采用石墨埋烧法在空气中进行烧结，这样必然避免不了活性炭的烧损。活性炭属于无定形碳，活性和还原性均高于石墨，因此，体系中的氧气会优先和活性炭发生反应而将样品中未发生还原反应的活性炭燃烧去除。

表 5-4　样品 A1~A4 中金属相碳含量分析结果　（质量分数，%）

样品	A1	A2	A3	A4
点 1	0. 238	1. 934	2. 131	2. 541
点 2	0. 211	1. 966	3. 035	2. 994
点 3	0. 420	1. 026	1. 648	2. 619
点 4	0. 407	1. 018	1. 908	3. 004
点 5	0. 422	0. 425	1. 125	3. 290
点 6	0. 494	2. 733	1. 133	4. 122
点 7	0. 470	0. 721	2. 775	3. 538
点 8	0. 331	1. 523	3. 292	2. 576
点 9	0. 293	0. 599	1. 422	3. 221
点 10	0. 703	0. 258	2. 370	2. 905
平均碳含量	0. 40±0. 14	1. 22±0. 76	2. 08±0. 74	3. 08±0. 46

5. 2. 2　工艺条件对样品结构和性能的影响

5. 2. 2. 1　烧结温度对样品结构和性能的影响

以上述实验中性能最佳的 A4 样品为例，图 5-7 为不同烧结温度下金属陶瓷

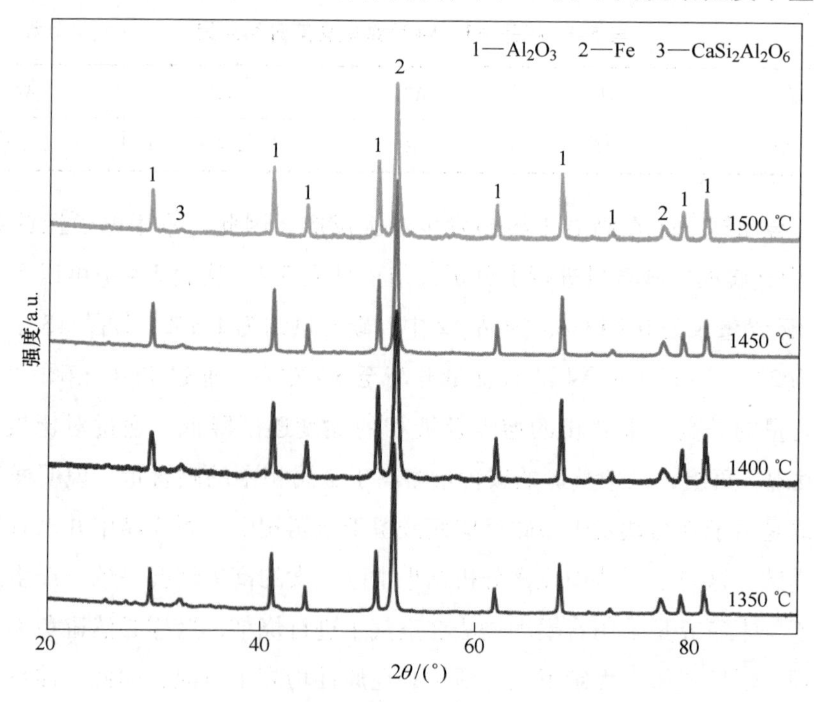

图 5-7　不同烧结温度下金属陶瓷样品的 XRD 图谱

样品的 XRD 图谱，从图中可以看到，不同的烧结温度下，样品中没有发现任何与铁氧化物相关的衍射峰，说明还原反应均已完全发生，所有样品含有 Al_2O_3、Fe 及少量的钙长石相。

图 5-8 为 A4 样品在不同烧结温度下的 SEM 照片，图 5-8 中（a）~（c）分别为烧结温度 1350 ℃、1400 ℃和 1450 ℃。由于 1500 ℃下烧结的样品已变形严重，因此无法进行 SEM 分析。由图 5-8 可以看到，当烧结温度为 1350 ℃时，由于烧结温度较低，金属相呈现不规则颗粒状。另外，从图中也可以观察到气孔的存在，较大的气孔率也势必造成样品性能的下降。而温度升高至 1400 ℃后，样品中金属相呈现圆形，均匀分布在氧化铝中。烧结温度提高至 1450 ℃，样品的整体形貌与 1400 ℃烧结后的样品基本一致。

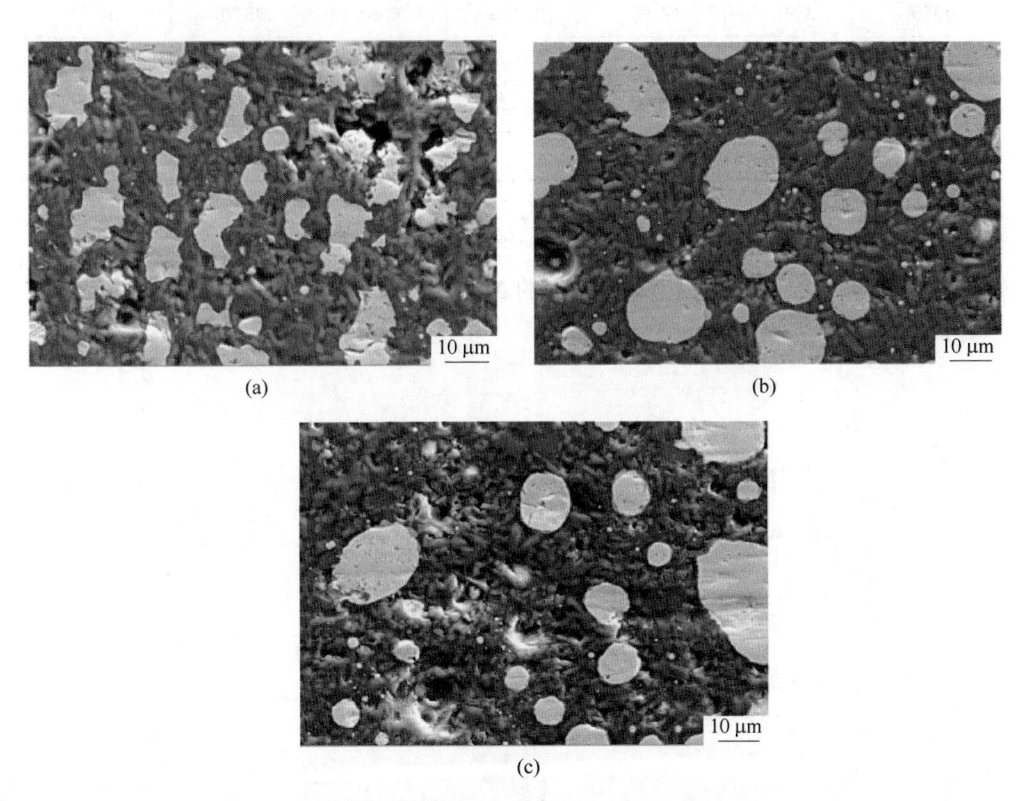

图 5-8 不同烧结温度下 A4 样品的 SEM 照片

（a）1350 ℃；（b）1400 ℃；（c）1450 ℃

对 A4 样品在不同烧结温度下的密度、线性收缩率、抗折强度、硬度及耐酸碱性进行了测量，结果见表 5-5。从表 5-5 中可以看到，当随着烧结温度的升高，样品的致密化更加充分，抗折强度及硬度也明显上升，当烧结温度为 1450 ℃时，样品的密度降低，力学性能下降，说明此时已经过烧，样品发生了膨胀现象。而当烧结温度为 1500 ℃时，样品已经发生严重的变形，无法测其力学性能。烧结温度对样品的耐碱性几乎不产生影响，但对耐酸性的影响较大，烧结温度为 1350 ℃时，样品的耐酸性只有 70. 43%，而到 1400 ℃时达到峰值，为 93. 40%。继续升高烧结温度至 1450 ℃时，耐酸性有轻微下降，为 91. 72%。

表 5-5　A4 样品不同烧结温度性能测试结果

烧结温度 / ℃	密度 /g · cm^{-3}	线性收缩率 /%	抗折强度 /MPa	硬度 /GPa	耐碱性 /%	耐酸性 /%
1350	3. 91	17. 90	220±6	6. 32±0. 13	98. 10	70. 43
1400	4. 14	18. 74	301±4	13. 12±0. 19	98. 20	93. 40
1450	3. 86	14. 4	190±8	9. 48±0. 13	98. 38	91. 72
1500	—	—	—	—	—	—

5. 2. 2. 2　保温时间对样品结构的影响

图 5-9 为不同保温时间下样品 A4 的 XRD 图谱，从图 5-9 中可以看到，所有

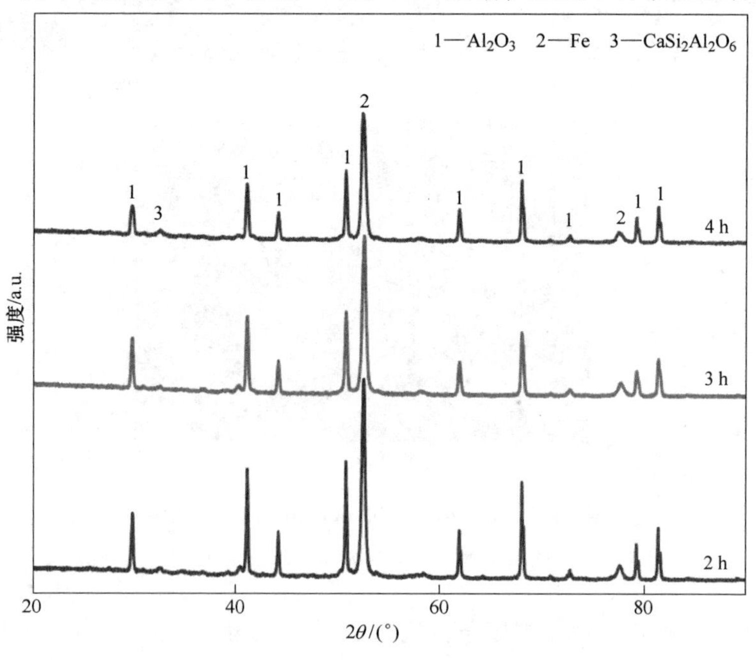

图 5-9　样品 A4 在不同保温时间下的 XRD 图谱

的样品均只含有 Al_2O_3、Fe 及少量钙长石的衍射峰，并没有发现铁氧化物相关的衍射峰。说明该工艺条件下，还原反应完全发生。

图 5-10 为样品 A4 在不同保温时间下的 SEM 图，从图 5-10 中可以看到，保温时间为 2 h 时，如图 5-10（a）所示，金属颗粒呈椭圆状均匀分布于氧化铝基体中，但样品中可见少量的气孔存在，说明保温时间较短，样品并没有完成致密化。保温 3 h 时，如图 5-10（b）所示，从图中可以看到，样品的致密化得到提升，样品中并没有明显的气孔存在。而保温 4 h 时，样品的微观结构与保温 3 h 的样品几乎无异，说明保温 3 h 可能已经达到样品的最佳致密化。

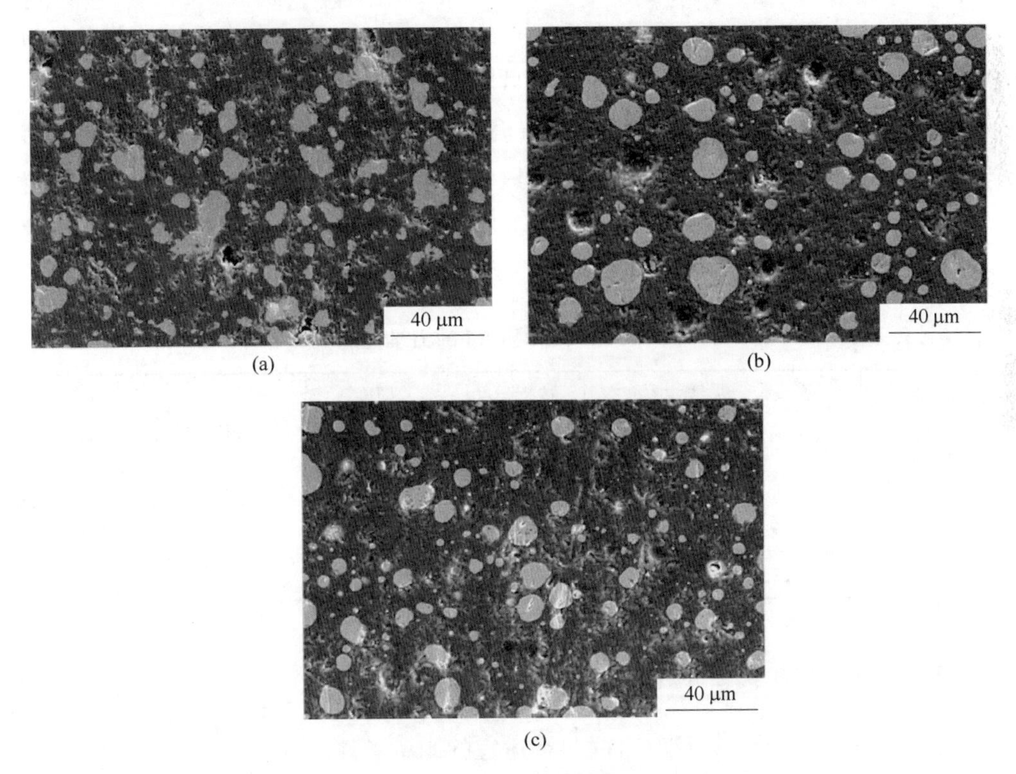

图 5-10 不同保温时间下样品 A4 的 SEM 图

（a）2 h；（b）3 h；（c）4 h

对不同保温时间的 A4 样品进行力学性能的测试，测试结果见表 5-6。保温时间为 2 h 时，样品的线性收缩率为 18.17%，抗折强度为（240±9）MPa，硬度为（10.55±0.37）GPa。而当保温时间延长至 3 h 时，样品的密度升高至 4.14 g/cm^3，线性收缩率也增加至 18.74%。说明保温时间为 2 h 时，样品并没有达到最大的致密化，随着保温时间的增加，样品的密度及线性收缩率均有不同程度的增大。

此时样品的抗折强度达到（301±8）MPa，硬度为（13.12±0.29）GPa，样品致密化的提升会降低样品的气孔率，气孔率的降低有利于样品抗折强度的提升，这也是保温3 h时，样品A4抗折强度提升的主要原因。当保温时间增加至4 h时，样品的密度与线性收缩率几乎与保温3 h时相当，说明此时已经达到样品的最佳致密化，延长保温时间对样品致密性的提升帮助不大。但从表5-6中可以看到，样品的抗折强度和硬度均有不同程度的下降，且抗折强度下降得更加明显。产生该现象的主要原因为保温时间的延长会造成样品晶粒的异常长大。众所周知，材料的力学性能与晶粒尺寸有着较大的关系，且大尺寸晶粒不利于材料力学性能的提升。而保温时间对材料的耐酸性几乎不产生任何影响，这主要由于样品的组分与NaOH不发生反应。而耐酸性则有比较明显的区别，保温时间为2 h的样品的耐酸性为88.98%，而延长保温时间至3 h时，样品的耐酸性为93.40%，这主要由于样品致密性的影响，较低的气孔率可以保证金属颗粒被玻璃相完全包裹，阻碍与H_2SO_4的反应。而保温时间延长至4 h时，对样品的耐酸性并没有产生明显的影响。

表5-6　不同保温时间样品A4的力学性能测试结果

时间 /h	密度 /g·cm^{-3}	线性收缩率 /%	抗折强度 /MPa	硬度 /GPa	耐碱性 /%	耐酸性 /%
2	4.02	18.17	240±9	10.55±0.37	98.01	88.98
3	4.14	18.74	301±8	13.12±0.29	98.20	93.40
4	4.19	18.83	260±9	12.37±0.35	98.30	93.51

5.2.3　金属颗粒在复合材料中的增韧机制分析

以上分析可以看到，该复合材料在适宜的制备条件下可以表现出较为优良的性能。相比于同等制备条件的纯氧化铝陶瓷，抗折强度可以提升约50%以上，断裂韧性相比于同等制备条件的氧化铝陶瓷可以提升约70%。表5-7为一些氧化铝陶瓷及氧化铝陶瓷基复合材料的制备方式及性能总结，从表中可以看到，利用常压烧结制备的氧化铝陶瓷，其抗折强度为120 MPa，硬度为12~14 GPa，而化学纯制备的Fe-Al_2O_3复合材料强度为254 MPa，硬度为8.1 GPa。与常规Al_2O_3陶瓷及Fe-Al_2O_3复合材料相比，本研究利用矿物直接制备的Fe-Al_2O_3复合材料在力学性能具有一定的优势。

表 5-7 氧化铝及氧化铝基复合材料的力学性能

材料名称	烧结方式	抗折强度 /MPa	硬度 /GPa	密度 /g · cm^{-3}	断裂韧性 /MPa · $m^{1/2}$
Al_2O_3/Fe [113]	常压烧结	254	—	—	—
Al_2O_3/Fe [86]	常压烧结	—	8.1	4.45	4.91
Al_2O_3/Ni-20Fe [114]	热压烧结	370	14	4.86	8.3
Ti/Al_2O_3 [20]	常压烧结	160	5.5	—	2.5
Al_2O_3 [115]	常压烧结	120	5.6	2.9	3.2
Al_2O_3 [116]	热压烧结	270	7~9	2.9	4.1

通过对样品微观结构的分析，该复合材料具有良好力学性能的主要原因有以下两个方面，即裂纹偏转及裂纹桥接作用。

图 5-11（a）为样品的裂纹偏转图，从图中可以看到，裂纹由上而下延伸至金属颗粒时，由于金属颗粒的阻碍作用，裂纹向右发生了明显的偏转，大大增加了裂纹拓展的路径，这样则需要吸收更多的能量来完成裂纹的拓展。

图 5-11（b）中裂纹由左至右拓展至金属颗粒时，穿过金属继续向前拓展，中间金属颗粒处则是由金属发生塑性变形而桥接。裂纹的偏转及桥接作用是颗粒增强复合材料中最为重要的两个增强方式，这也是金属在复合材料中起到的一个重要作用。

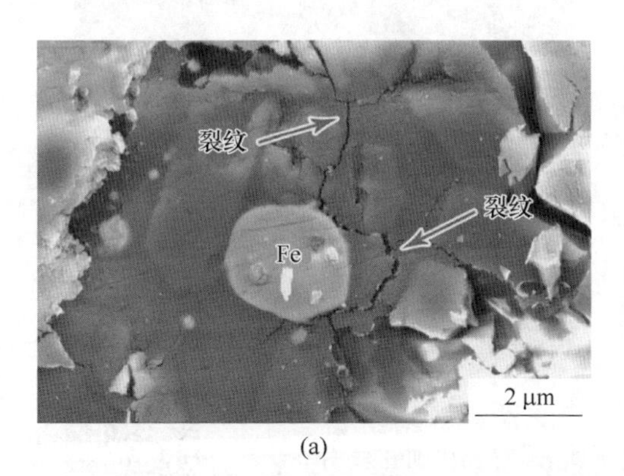

(a)

(b)

图 5-11 复合材料中裂纹偏转及裂纹桥接图

（a）裂纹偏转图；（b）裂纹桥接图

通过分析可知，裂纹在复合材料中拓展时发生偏转和桥接都可以有效提升材料的韧性。复合材料中各组分的弹性模量及线膨胀系数都存在较大的差异，因此，在复合材料制备过程中极易产生残余热应力。当裂纹尖端与复合材料的热应力相遇后，会产生微裂纹，有助于裂纹尖端应力的释放，使裂纹发生偏转，增加裂纹拓展的路径，消耗裂纹拓展能。

5.2.4　微量元素对复合材料影响机理分析

5.2.4.1　微量元素对微观结构的影响

图 5-12 和图 5-13 为样品 A1～A4 分别在 1400 ℃和 1450 ℃烧结后的背散射衍射图，可以清楚地看到金属颗粒的周围有第二相的析出，尤其圆圈标识的区域更加明显，并且该析出物也具有较为明显的规律。

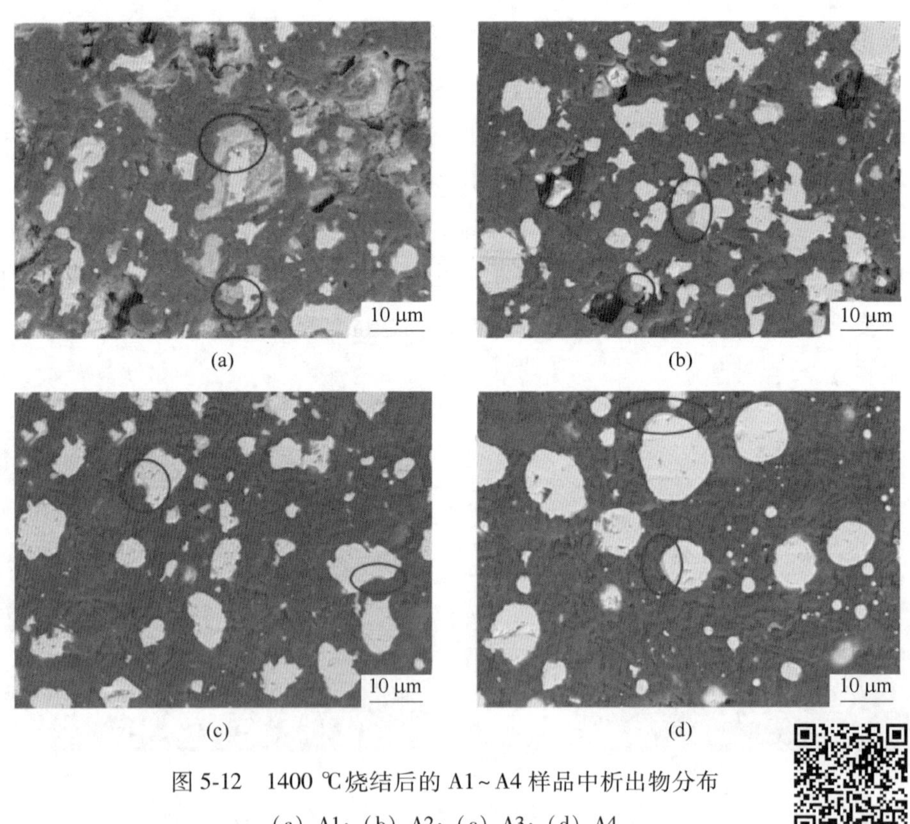

图 5-12　1400 ℃烧结后的 A1～A4 样品中析出物分布

(a) A1；(b) A2；(c) A3；(d) A4

图 5-12 彩图

当碳氧比为 1.1∶1 时，如图 5-12 (a) 所示，金属相周围的第二相析出物尺寸较大，且均为不规则形状；而碳氧比增大至 1.5∶1 及 2.2∶1，如图 5-12 (b) 及图 5-12 (c) 所示，析出物的尺寸有所减小，形态也趋于均匀化；当碳氧比为 3∶1，如图 5-12（d）所示，析出相尺寸进一步减小，在金属及陶瓷的相界面呈薄膜状包裹于金属相周围。在图 5-13（a）中，碳氧比为 1.1∶1 的样品时，由于烧结温度的提高，并未出现大尺寸的析出物。并且随着碳氧比的增大，析出物的尺寸逐渐降低，整体趋于均匀，在金属相周围以薄膜状存在。因此，碳氧比及烧结温度均会影响金属相周围析出物的形貌及尺寸，且碳氧比的影响更加明显。

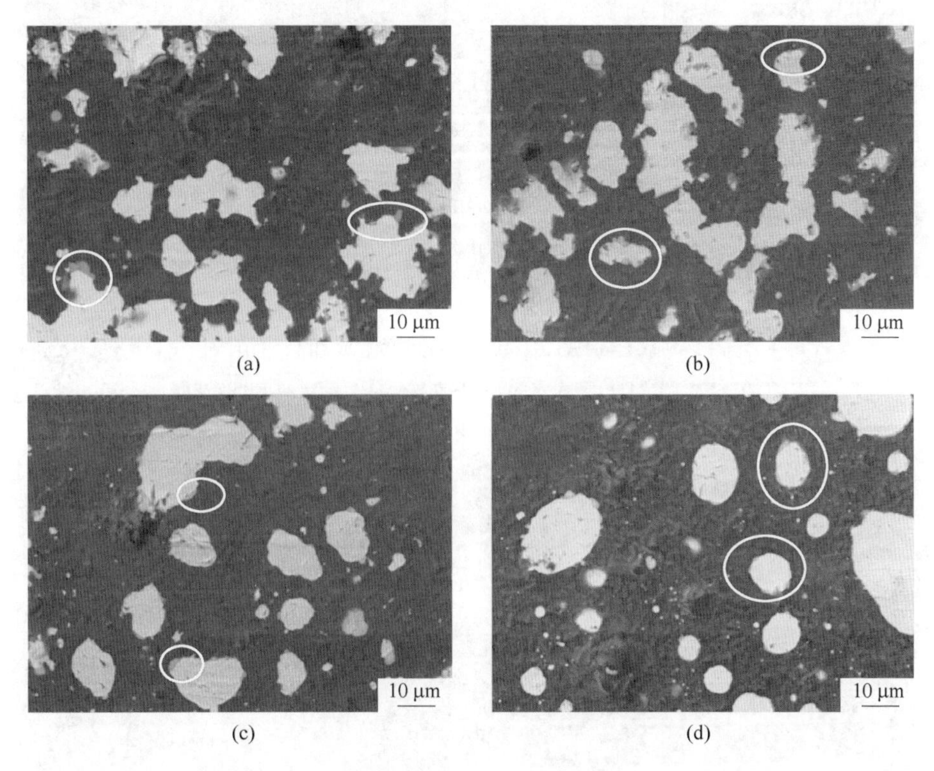

图 5-13　1450 ℃烧结后的 A1～A4 样品中析出物分布

（a）A1；（b）A2；（c）A3；（d）A4

为了清楚地了解该析出物的组成，对金属陶瓷样品进行 EDS 扫描分析。通过图 5-14 及图 5-15 发现，该析出物为含有 Mn 及 Fe 的硫化物。

不同的碳氧比对析出物的物相组成及形貌有较大影响，图 5-14 为 A1 样品在 1400 ℃烧结后的 EDS 分析结果，由右侧定量化的元素分布图可以看出，该析出物主要含有 S 元素及 Fe 元素。仅通过元素的分布并不能确定物质，因此，通过 EBSD 谱点分析确定该析出物的晶体结构为六方晶系，可断定该析出物主要为 FeS。图 5-15 为 A4 样品的 EDS 扫描图，通过元素分布可以看到，该析出物主要

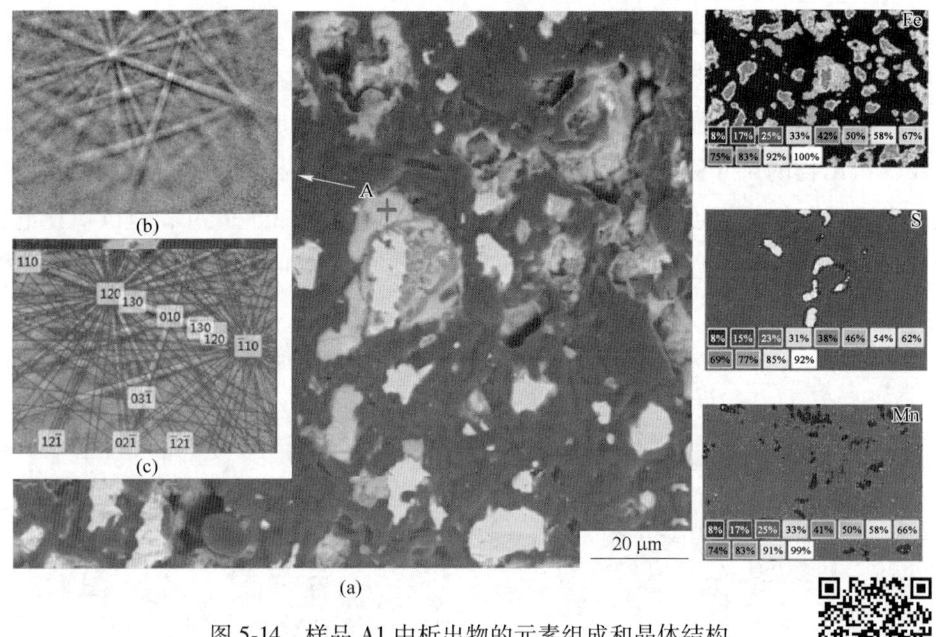

图 5-14　样品 A1 中析出物的元素组成和晶体结构

（a）SEM 照片；（b）A 点的 EBSD 花样；（c）标定的 EBSD 花样

图 5-14 彩图

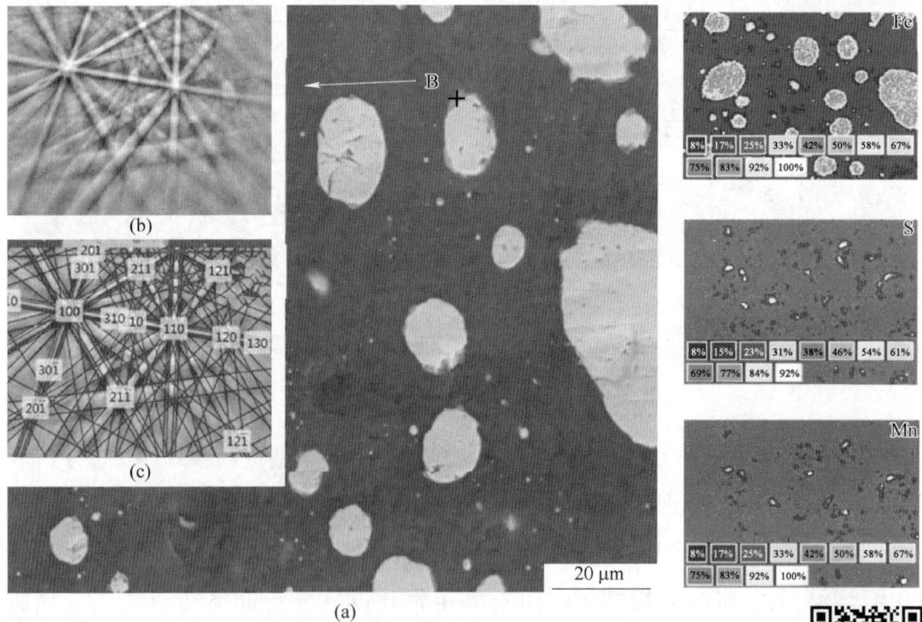

图 5-15　样品 A4 中析出物的元素组成和晶体结构

（a）SEM 照片；（b）B 点的 EBSD 花样；（c）标定的 EBSD 花样

图 5-15 彩图

含有 S 元素及 Mn 元素，结合 EBSD 分析结果，确定该析出物属于四方晶系，因此可以确定该析出物为 MnS。

为了证实该第二相的形成过程，本书进行了样品的淬火实验，并对样品进行了 SEM-EDS 分析，结果如图 5-16 所示。从图 5-16 中可以清楚地看到，在铁的周围并没有第二相的析出，其中 S 元素及 Mn 元素的分布也发生了比较大的变化。图 5-14 及图 5-15 中，S 和 Mn 元素在金属 Fe 中的固溶量较少，全部析出形成第二相。而图 5-16 所示淬火样品中，S 及 Mn 元素基本在金属 Fe 中固溶，并没有析出形成第二相。因此，可以确定该第二相是在样品冷却过程中，随着金属相的凝固而逐步析出的。

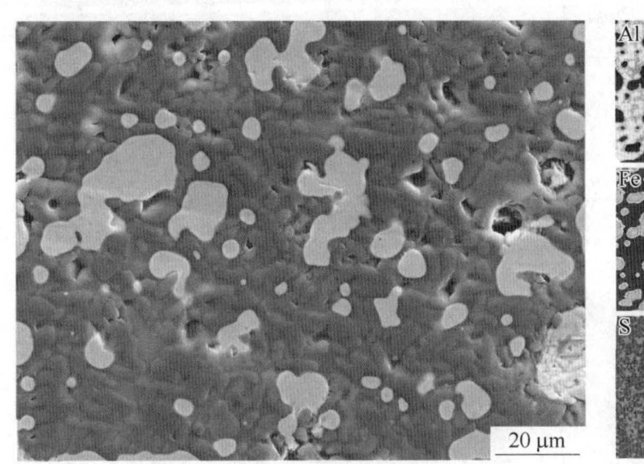

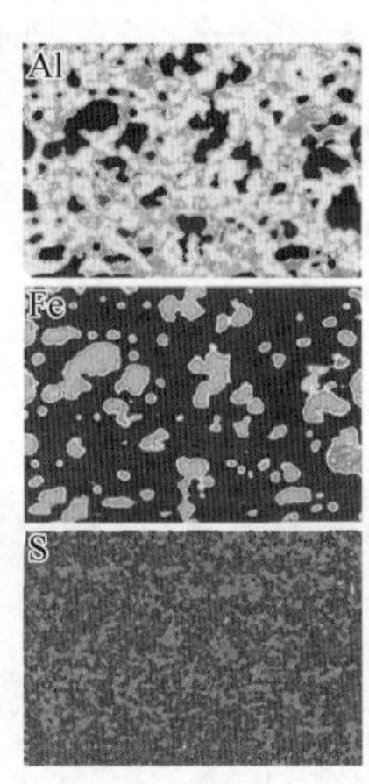

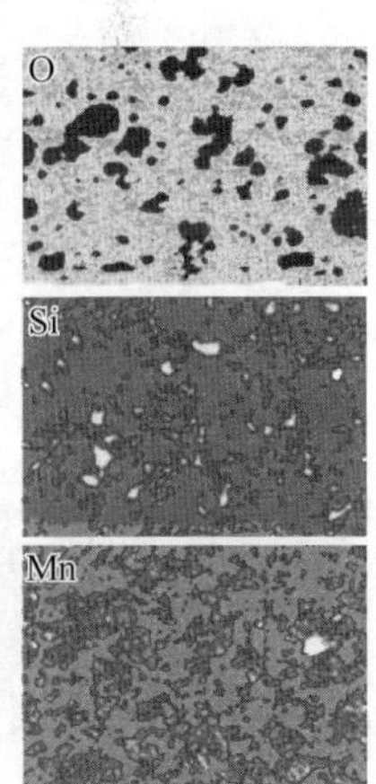

图 5-16 1400 ℃淬火样品的成分分布

图 5-16 彩图

通过 EBSD 识别相分布，进一步分析碳氧比对第二相析出物的影响规律。图 5-17 彩图为样品 A1～A4 的相分布图，红色区域为氧化铝基体，蓝色区域为铁，铁在氧化铝基体中均匀分布，黄色区域是 MnS，绿色区域是 FeS。样品 A1 中的析出物基本上都是 FeS，且尺寸相对较大。随着碳氧比的增加，锰的含量逐渐降低。而在 A2 和 A3 样品中，金属颗粒周围可以观察到 FeS 和 MnS 是共存的。在样品 A4 中，FeS 基本消失，所有的析出物都转化为 MnS。该 MS(M=Mn,Fe) 的形成与钢液冷却过程中杂质 MS 的析出在热力学上是一致的。硫在铁水中可以无限溶解，但在固态铁中，硫的溶解度很低。硫在高温下溶于铁中，随着铁水温度的降低和铁水的逐渐凝固，硫会以硫化物的形式析出。由于硫在液态金属中的溶解度随温度的降低而降低，因此在样品冷却过程中，金属相中的 S 原子在凝固前沿不断富集。当

M(M=Mn，Fe）和 S 的浓度积超过 MS 在液态金属中的热力学平衡溶解度时，会以 MS 的形式析出[118,119]。文献表明，由于氧化锰的还原比氧化铁的还原困难，因此需要过量的碳才能使锰的还原发生[120,121]。提高配碳量有利于锰氧化物的还原。因此，随着配碳量的增加，更多的锰被生产出来并溶解在铁液中。此外，Mn 和 S 的亲和力大于 Fe 和 S 的亲和力，因此，随着碳氧比的增加，析出相逐渐由 FeS 向 MnS 转变。

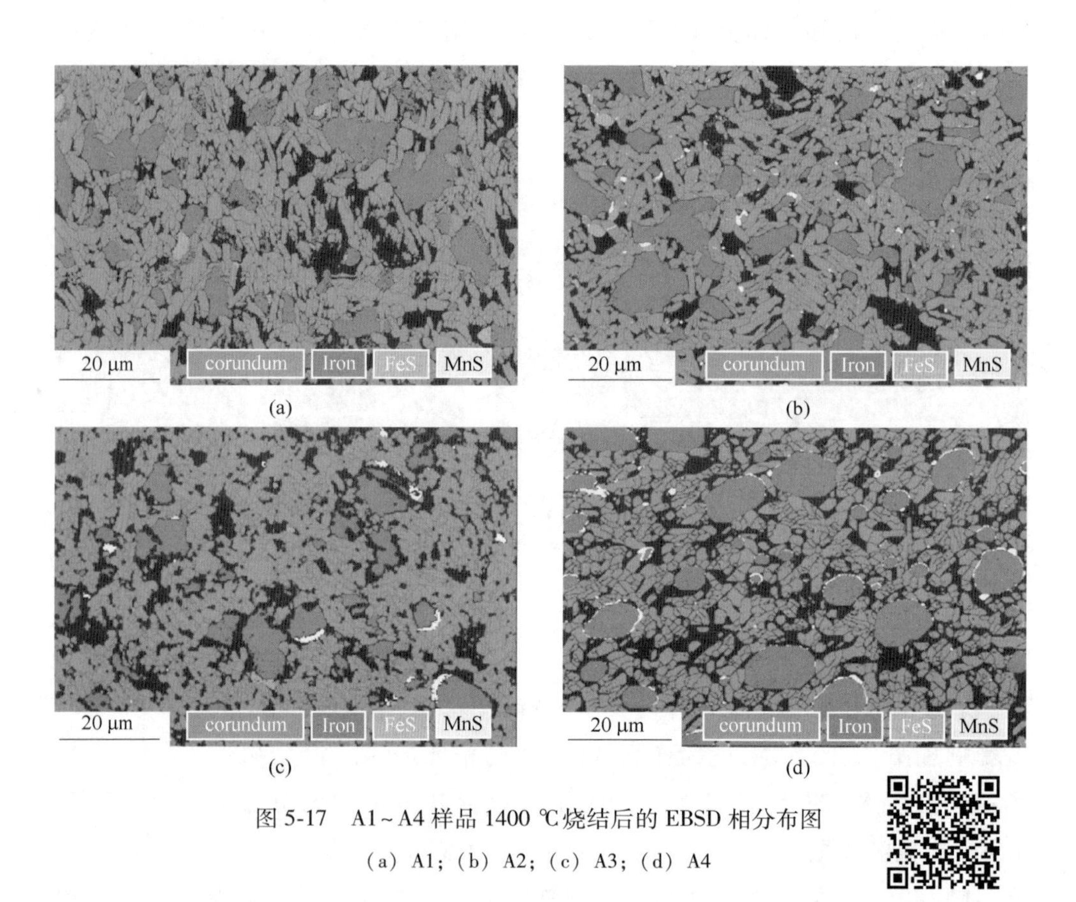

图 5-17　A1～A4 样品 1400 ℃烧结后的 EBSD 相分布图

(a) A1；(b) A2；(c) A3；(d) A4

为进一步分析硫元素的去向，表 5-8 为样品 A1～A4 的 XRF 分析结果。从表中可以看出，硫全部存在于样品中，并且含量基本相当。结果表明，碳含量对固硫效果没有影响，几乎全部的硫元素均固化于样品中，并没有以气态化合物的形式排出。而采用该方式制备的复合材料可避免 SO_2 排放，是一种环境友好型工艺。计算表明，原料中大约 96%的硫是固定在样品中的。

表 5-8 样品 A1～A4 主要元素组成 （质量分数,%）

样品	Al_2O_3	Fe_2O_3	SiO_2	SO_3	MnO	CaO	MgO	Na_2O	K_2O	TiO_2	其他
A1	52.74	26.37	10.28	3.15	0.991	0.767	1.08	0.709	0.386	0.118	3.409
A2	56.34	24.74	11.00	3.04	1.001	0.900	1.20	0.863	0.440	0.159	3.317
A3	55.08	26.78	12.26	3.18	0.982	1.00	1.29	0.931	0.253	0.206	2.038
A4	52.62	25.75	13.05	3.16	0.994	1.07	1.41	1.12	0.494	0.241	1.191

5.2.4.2 微量元素的强韧化机理研究

图 5-18 及图 5-19 为不同析出物对裂纹拓展的影响，图 5-18 为 A1 样品裂纹拓展路径图，金属相周围的析出物为 FeS，并且析出物的尺寸也较大，其厚度约为 1 μm，裂纹由金属相右侧由上而下延伸，在遇到氧化铝晶体后，向左偏转，穿过金属相与 FeS 的晶界继续向左延伸，此时的 FeS 并未对裂纹的拓展起到阻碍作用，样品的断裂方式主要是晶界断裂。

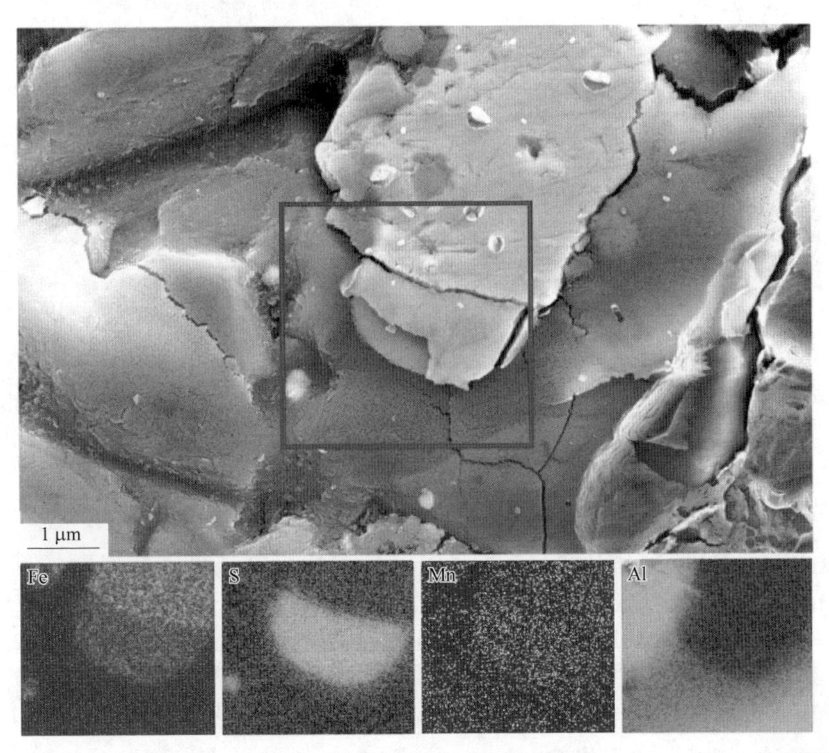

图 5-18 样品 A1 中裂纹的拓展路径图

图 5-18 彩图

图 5-19 为 A4 样品裂纹拓展路径图，裂纹由金属相下方沿金属相与氧化铝的晶界由右向左延伸，当裂纹遇到 MnS 后，裂纹未向前继

续延伸，而是向下偏转，穿过氧化铝晶体断裂。断裂方式主要是晶界断裂和穿晶断裂为主。因此，金属相周围析出 MnS 对于材料力学性能的提升有较大作用。

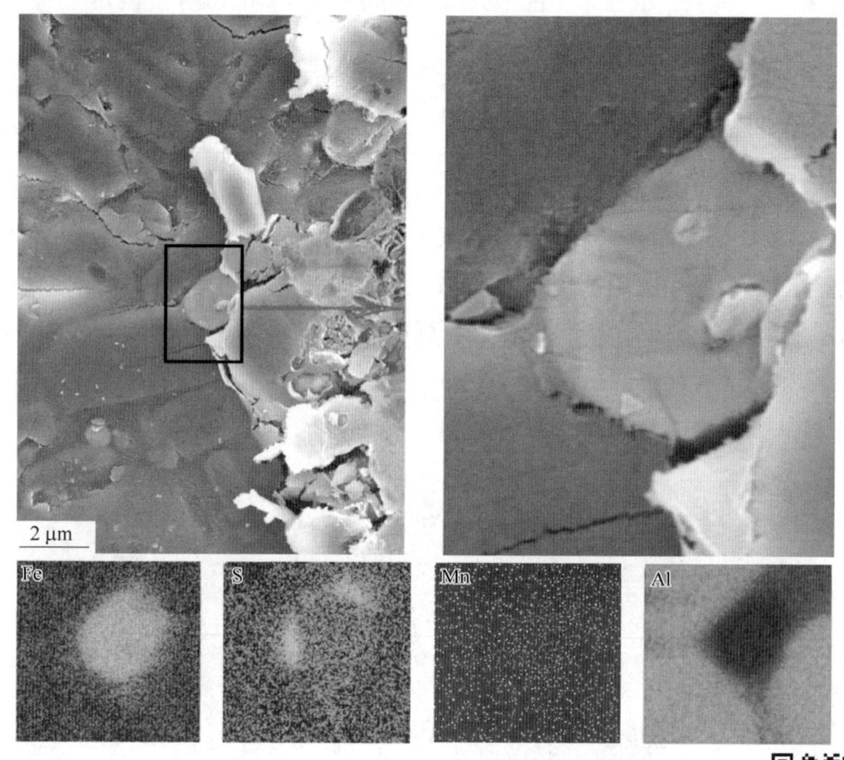

图 5-19　样品 A4 中裂纹的拓展路径图

图 5-19 彩图

前文已经分析该复合材料在配碳量较高时，样品表现出较高的耐酸性，为 93.80%。通过本章节的分析，影响样品耐酸性的主要原因是玻璃相的形成包裹于金属颗粒及气孔率的影响。而析出物的产生也可能具有较大的影响，只有在配碳量较高时会有 MnS 析出物包裹于金属颗粒周围。而 MnS 可以有效阻碍硫酸与金属颗粒的反应，大大提升了材料的耐酸性。这可能也是提升该复合材料耐酸性的另外一个重要原因。

许多研究已经证明氧化铝与铁的界面结合较差，表现在宏观方面则为两相的润湿角较大，文献[122]表明，两相的润湿角为 130°左右，润湿性较差。因此，二者的界面结合较差。本研究中在氧化铝和铁的界面形成硫化物的第二相，改善了金属相与氧化铝界面的结合，提升了材料的力学性能。

图 5-20 为四个样品的断口形貌。在样品 A1 和 A2 中，如图 5-20（a）和图 5-20

(b) 所示。可以看出，在基体中仍然存在少量的孔隙，金属相呈不规则形状。样品的断裂模式主要是沿晶断裂。在 A3 样品中，如图 5-20（c）所示，断口表现出更多的穿晶断裂。同时，A 点的能谱分析表明，A 点主要含有 S 元素和 Fe 元素，推测析出物为 FeS。可以清楚地看到，裂纹在析出物和金属之间扩展。在 A4 样品中，如图 5-20（d）所示，主要的断裂模式是沿晶断裂和穿晶断裂的组合。分析了 B 点的元素分布。它主要含有丰富的 S 元素和 Mn 元素。根据前面的分析，物质为 MnS。当裂纹通过 MnS 析出相时，裂纹不能通过并向上偏转，这进一步证明了析出相对材料的力学性能有显著的影响。

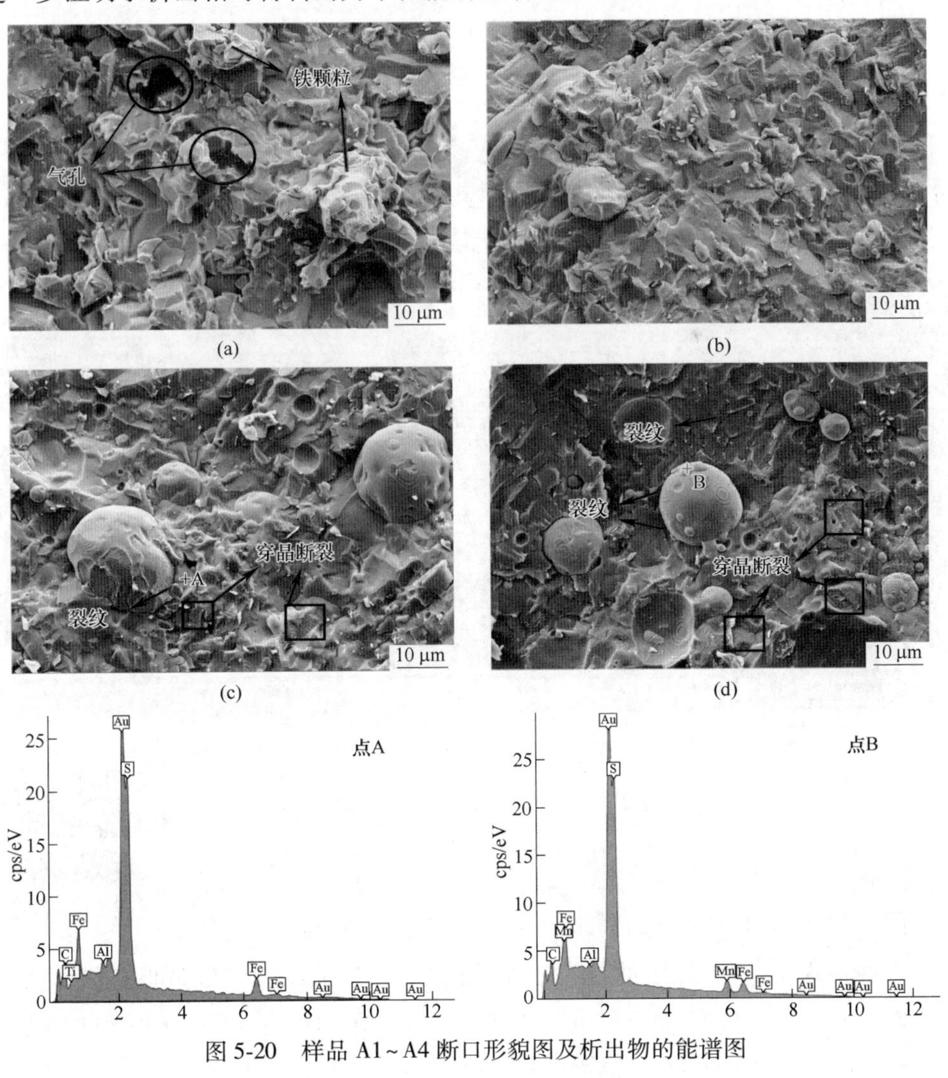

图 5-20 样品 A1～A4 断口形貌图及析出物的能谱图

(a) A1；(b) A2；(c) A3；(d) A4

为了分析 MnS 比 FeS 更能有效阻碍裂纹扩展的主要原因。首先，从晶体学角度来分析析出物与铁之间是否存在特定的取向关系。通过对 Fe 和 FeS 取向关系的分析，发现两者之间没有特定的取向关系。图 5-21 所示为 Fe 与 MnS 的取向关系的 EBSD 分析结果，如彩图中红色的圆圈表示 Fe 与 MnS 的 Kikuchi 集是重合的，而用黄色标记的 Fe 和 MnS 的特定晶面是平行的。因此，可以得到两者之间的取向关系为 Fe(100) ‖ MnS(002)。为了进一步证明这些取向关系，将相关的晶面和晶向绘制于极图中，如图 5-22 所示。所有相关的晶面及晶相都是重合的。

图 5-21　基体铁与 MnS 析出的取向关系

（a）样品 A4 的 SEM 图；（b）Fe 的菊池花样；（c）MnS 的菊池花样

图 5-21 彩图

图 5-23 为 MnS 析出的示意图。众所周知，使界面能最小化的充要条件是两相[123]中原子的行数匹配。如图 5-23 所示，Fe 与 MnS 的匹配方向为［011］/Fe 和［110］/MnS。进一步研究了（100)/Fe 与（002)/MnS 的界面结构。Fe(100）与 MnS(002）晶面的错配度可由式（5-3）[124]计算。

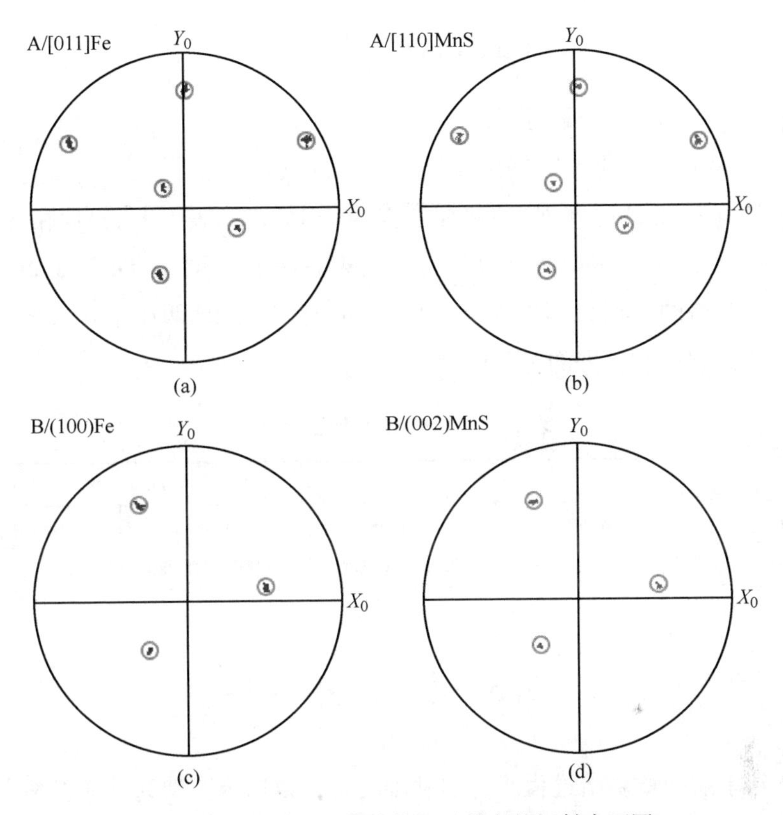

图 5-22 Fe 与 MnS 相关晶面及晶向的极射赤面图
(a) Fe 的 [011] 投影图；(b) MnS 的 [110] 投影图；
(c) Fe 的 (100) 投影图；(d) MnS 的 (002) 投影图

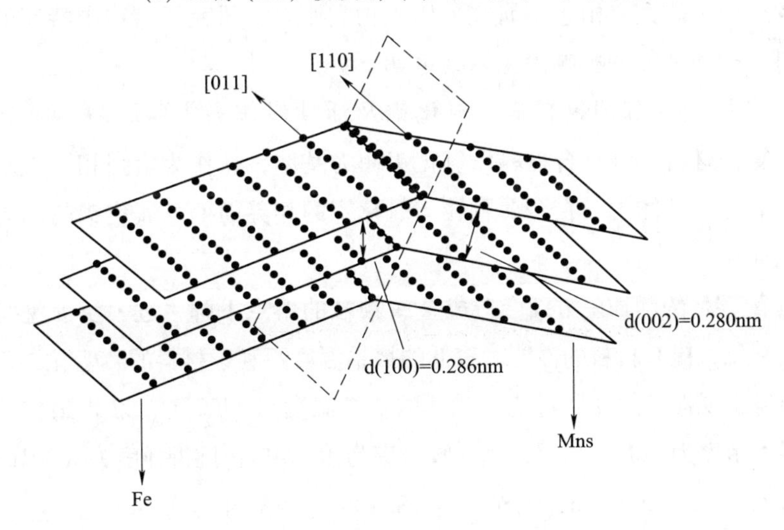

图 5-23 MnS 析出的示意图

$$\text{Misfit}(\delta) = \frac{b - a}{a} \times 100\% \tag{5-3}$$

式中　b——Fe 的晶体平面间距；

a——MnS 的晶体平面间距。

通过计算发现 MnS 和 Fe 的错配度仅为 2.1%，见表 5-9。根据相界面理论，当相界面错配度小于 5%时，可以认为其是共格界面。因此，Fe 与 MnS 之间的相界面是一个共格的界面，其界面能远低于 Fe 与 FeS，且两相结合较紧密。这是 MnS 能有效抑制裂纹扩展的主要原因。

表 5-9　Fe 与 MnS 错配度计算

晶面		晶面间距/nm		
Fe	MnS	Fe	MnS	错配度 δ/%
(100)	(002)	d(100)= 0.286	d(002)= 0.280	2.1

5.3　本 章 小 结

本章基于前一章烧结过程研究的基础之上，以白云鄂博铁精矿及氧化铝作为主要原料，添加活性炭作为还原剂制备 Fe-Al_2O_3 复合材料。研究了不同配碳量、不同烧结温度对复合材料的微观结构及性能的影响。并对金属颗粒对复合材料的增强机制进行了研究。由于本研究采用矿物类原料，研究了矿物中特有的元素对复合材料结构和性能的影响。主要结论如下：

(1) 利用白云鄂博铁精矿、氧化铝及活性炭作为主要原料，成功制备了 Fe-Al_2O_3 复合材料。该复合材料以氧化铝作为基体，铁作为增强相，以颗粒状均匀分布于氧化铝基体中，在金属颗粒与氧化铝的相界面处及氧化铝的晶界处有少量玻璃相存在。

(2) 配碳量的增加一方面会造成金属颗粒的熔点下降，进一步促进复合材料的烧结致密化，提升材料的性能。较低的烧结温度不利于材料的致密化，而较高的温度则容易出现样品的膨胀过烧，最佳的烧结温度为 1400 ℃。获得最佳的复合材料的性能：密度为 4.14 g/cm^3，线性收缩率为 18.74%，抗折强度为 (301±8)MPa，硬度为 (13.12±0.29)GPa，耐碱性为 98.20%，耐酸性为 93.40%。

(3) 金属相以颗粒状存在于氧化铝基体中，通过对裂纹拓展的观察发现主要通过两方面的机制增强复合材料：一是裂纹在遇到金属颗粒时，发生明显的偏转，从而增加裂纹拓展的路径，增加吸收的能量；二是通过裂纹的桥接，当裂纹遇到金属颗粒时，裂纹被迫穿过金属颗粒继续向前延伸，而裂纹中间则是有金属颗粒发生塑性变形而桥接。

（4）本研究采用的是矿物类原料，除利用其中的铁氧化物外，还会引入其他氧化物杂质。通过本章的研究发现，矿物中的硫元素会随着铁氧化物的还原过程而溶解于液态铁中，在金属液冷凝过程中会形成 FeS 析出于金属颗粒周围。而当配碳量较高时，矿物中的 MnO_2 会被还原进入液态铁中，由于锰与硫的亲和力远大于铁和硫的亲和力。所以，随着配碳量的增加，金属颗粒周围的析出物逐渐由 FeS 过渡为 MnS。通过对裂纹拓展的观察，发现 MnS 具有阻碍裂纹拓展的作用。进一步分析其机理发现，MnS 与 Fe 存在确定的取向关系，Fe(100) ∥ MnS(002)，计算发现二者的错配度为 2.1%。

6 “杂质”元素对复合材料结构及性能的影响研究

第5章主要对利用白云鄂博矿及氧化铝作为原料制备 $Fe\text{-}Al_2O_3$ 复合材料的工艺条件进行了深入的研究，如配碳量及烧结温度等。并且也发现了白云鄂博矿物中的特色元素硫及锰对复合材料的性能产生了积极的影响，证明了利用矿物类原料制备复合材料有其特有的优势。

铝土矿是自然界广泛分布的一种天然氧化铝矿物。高品位铝土矿含铝量达85%以上，铝土矿中通常含有的杂质成分为 SiO_2、TiO_2、CaO 等，这些组分可作为天然添加剂用于氧化铝烧结，可有效降低烧结温度和气孔率，改善材料的性能。目前，铝土矿仅作为提取氧化铝或制备耐火材料的原料[125-129]。因此，本研究采用铝土矿代替纯氧化铝制备 $Fe\text{-}Al_2O_3$ 复合材料。一方面从复合材料本身出发，利用铝土矿代替部分纯氧化铝可以进一步降低复合材料的生产成本；另一方面，通过铝土矿的添加以分析不同“杂质”氧化物的含量对复合材料结构和性能的影响机理。

6.1 材料的制备

6.1.1 成分设计

以前一章样品配料表作为基础，利用铝土矿代替部分的纯氧化铝，以探索铝土矿较为合适的添加量及其对 $Fe\text{-}Al_2O_3$ 复合材料微观结构及性能的影响。具体配料见表6-1，配料中根据铁精矿的量额外配入所需的活性炭粉。

表6-1 样品的配料 （质量分数，%）

样品	铁精矿	铝土矿	氧化铝
B1	50	10	40
B2	50	15	35

续表 6-1

样品	铁精矿	铝土矿	氧化铝
B3	50	20	30
B4	50	25	25

6.1.2 实验过程

根据表 6-1 的配料数据，取相应的物质混合。将称量好的粉末在 300 r/min 的行星球磨机中混合 4 h，球磨介质为无水乙醇，球料比为 4∶1。将得到料浆置于 95 ℃干燥箱中干燥 24 h。利用单轴成型的方式将混合物压制成 ϕ40 mm×5 mm 的样品，成型压力为 30 MPa。采用石墨埋烧的方式进行烧结，升温速率为 5 ℃/min，烧结后从炉中取出，冷却至室温。对样品进行物相、微观结构及性能的表征与测试。

6.2 结果与讨论

6.2.1 工艺条件优化实验

本章中利用铝土矿代替了部分的氧化铝，原有的制备工艺下样品已经发生严重变形。烧结后的四组样品外观如图 6-1 所示。产生该现象的主要原因为铝土矿的加入会增加样品中 SiO_2、CaO 的含量。有文献表明，在有 SiO_2、CaO 存在的条件下，铁氧化物会与之形成低共熔点物质。大量的低共熔点物质在复合材料烧结过程中以液相的形式存在，一定量的液相会促进样品的致密化，但过高的液相量则会影响样品的烧结，导致样品发生变形。因此，首先从工艺条件入手，探索更加适宜该方式的工艺条件[130-132]。基于此，将原有一步法工艺更改为低温预还原+高温烧结的热处理制度。其主要依据在于低温保温阶段使大部分的铁氧化物还原，在升高温度时减少铁氧化物的残留，避免大量低共熔点物质的生成。通过第 4 章的研究表明，还原温度应大于 1100 ℃，有文献研究发现，含有铁氧化物的 SiO_2-CaO 共晶温度通常为 1180~1250 ℃[130]。因此，本研究选取的预还原温度为 1140 ℃及 1160 ℃，而高温保温段为 1340 ℃、1360 ℃、1380 ℃及 1390 ℃。

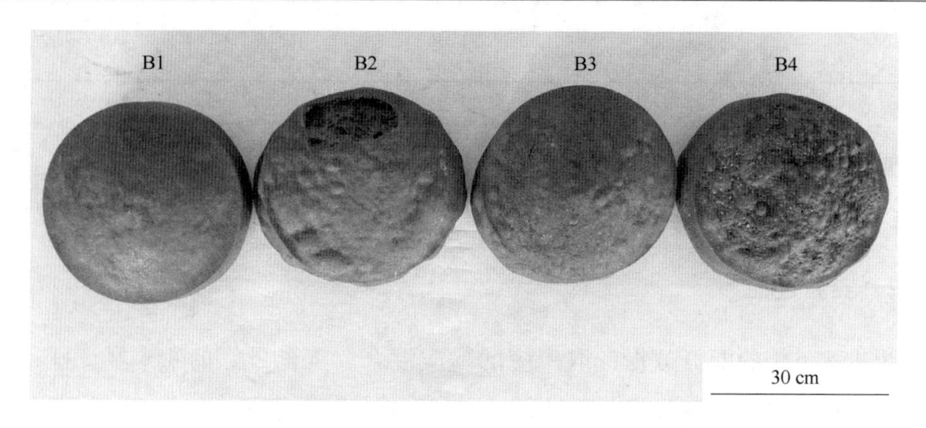

图 6-1 样品 B1～B4 经 1380 ℃烧结后的外观图

6.2.1.1 还原温度 1140 ℃-烧结温度 1340 ℃

图 6-2 为样品 B1～B4 经过 1140 ℃还原、1340 ℃烧结后的 XRD 图谱。从图中可以看到，经过低温保温+高温烧结的工艺后，样品中并无游离的铁氧化物存在，XRD 显示样品中只有 Al_2O_3 相和金属 Fe 相。这说明新增低温保温段对样品最终的物相并没有产生影响，虽然从 XRD 中并未发现有残留铁氧化物，但这并

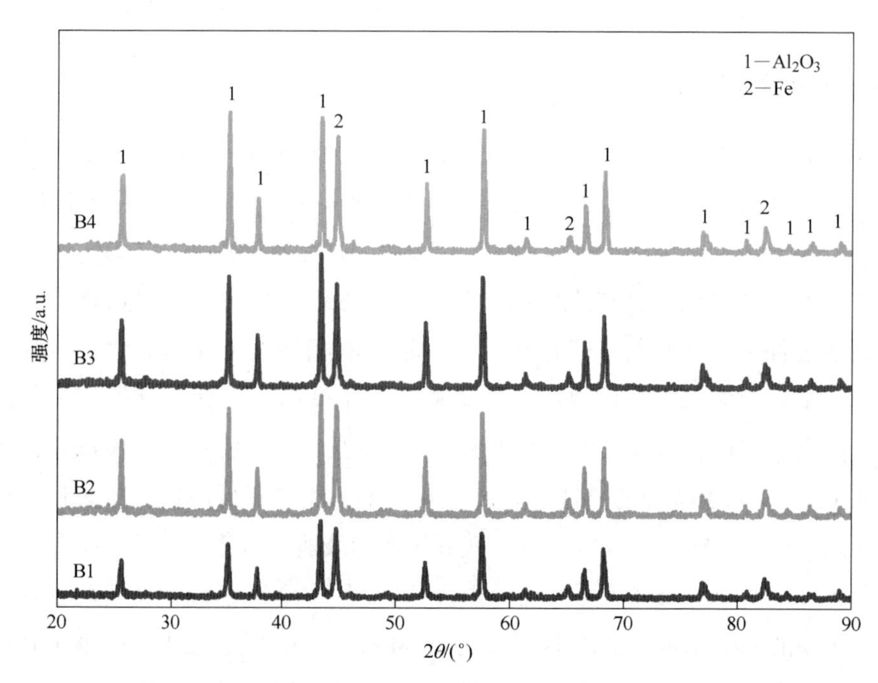

图 6-2 样品 B1～B4 经过 1140 ℃还原、1340 ℃烧结后的 XRD 图谱
（还原温度 1140 ℃-烧结温度 1340 ℃）

不意味着所有的铁氧化物全部被还原，由于有 SiO_2 和 CaO 的存在，未反应的铁氧化物会随着 SiO_2、CaO 一起形成液相，最终以玻璃相的形式存在于样品中。因此，XRD 并不能检测到这些物质的存在。同时，XRD 图谱中并没有发现与 SiO_2 及 TiO_2 等杂质氧化物有关的衍射峰，也印证了这一观点。

图 6-3 为样品 B1～B4 经过 1140 ℃还原、1340 ℃烧结后的 SEM 图，图中白色颗粒状物质为金属相，黑色区域为氧化铝晶体及玻璃相。首先，经过改变工艺条件，样品可以顺利合成。但图中可以看到，四组样品中均有大量的气孔残留。说明在该烧结温度下，样品并没有完全致密化，应当适当提升烧结温度以完成材料的致密化。

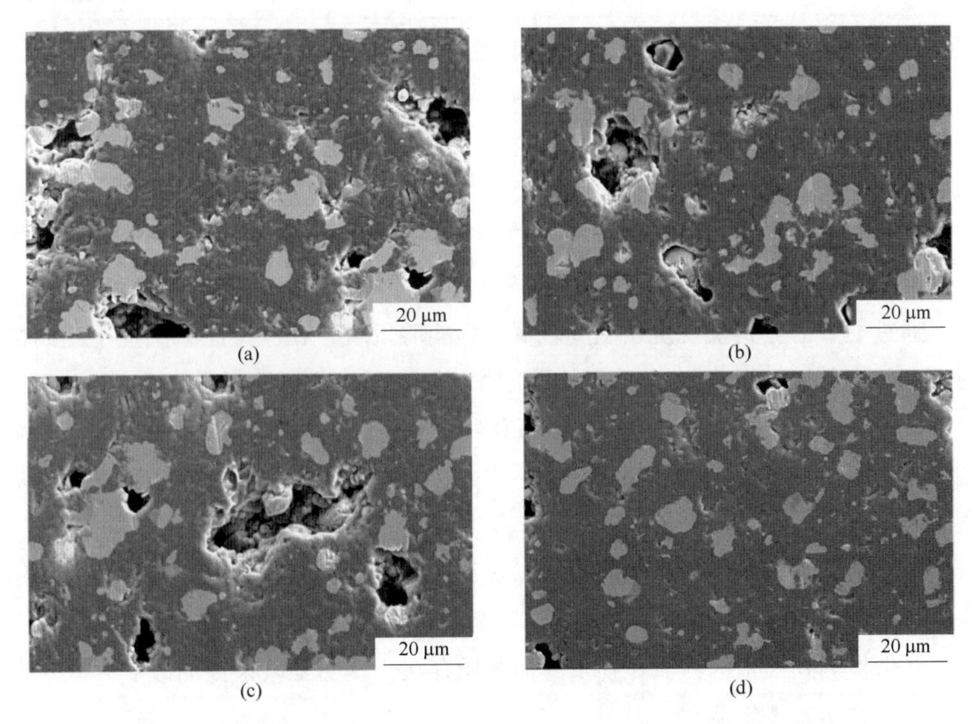

图 6-3 样品 B1～B4 经过 1140 ℃还原、1340 ℃烧结后的 SEM 照片

（还原温度 1140 ℃-烧结温度 1340 ℃）

(a) B1；(b) B2；(c) B3；(d) B4

表 6-2 为四组样品在该制备条件下性能的测试。四组样品的力学性能及化学稳定性差别不大，抗折强度为 160 MPa 左右，硬度为 8.6 GPa 左右，断裂韧性为 3.4 $MPa \cdot m^{1/2}$左右。这说明样品并未达到其最佳的致密性，影响力学性能的主要因素在于样品的致密性，四组样品的致密性均较差，因此，四组样品的力学性

能几乎相当并且都较差。同时，样品的力学性能随着铝土矿的添加呈现上升的趋势，这主要与铝土矿的添加造成样品烧结时液相量增加有关，较大的液相量有助于样品的烧结致密化。耐碱性为93%左右。而耐酸性较低，仅为70%左右，这与样品中残留有大量的气孔有关，金属颗粒无法被玻璃相完全包裹，大量的气孔为硫酸溶液提供快速的通道，使其与金属颗粒的接触机会增加，造成样品的耐酸性较差。

表 6-2　样品 B1～B4 的力学性能测试结果（还原温度 1140 ℃-烧结温度 1340 ℃）

样品	抗折强度 /MPa	断裂韧性 /MPa · $m^{1/2}$	硬度 /GPa	耐碱性 /%	耐酸性 /%
B1	150	3.41	8.58	93.45	68.23
B2	170	3.39	8.65	93.67	67.34
B3	180	3.51	8.99	93.66	69.61
B4	184	3.62	8.95	94.01	70.29

6.2.1.2　还原温度 1160 ℃-烧结温度 1360 ℃

通过上节的分析发现烧结温度较低，但实验发现，在保持还原温度不变的情况下，仅提升烧结温度，样品最终发生明显的变形。这说明样品在 1140 ℃下还原 3 h 仍然有足以影响后续烧结的铁氧化物含量，残留的铁氧化物增加了样品中的液相量，影响了最终样品的致密性。因此，应当将还原温度和烧结温度同时提高 20 ℃。

图 6-4 为样品 B1～B4 经过 1160 ℃还原、1360 ℃烧结后的 XRD 图谱。从图中可以看到，当还原温度由 1140 ℃提升至 1160 ℃时，样品中仍然只有 Al_2O_3 和 Fe，并未检测到残留的铁氧化物及其他物质存在，说明工艺条件的改变并未对四组样品的物相产生影响。

图 6-5 为样品 B1～B4 经过 1160 ℃还原、1360 ℃烧结后的 SEM 照片。从图中可以看到，当烧结温度提升至 1360 ℃时，样品的气孔率明显减小，只有样品 B1 及样品 B2 中可以看到残留的少量气孔，随着铝土矿添加量的增大，样品整体的致密性也得到提升。这说明烧结温度的提高对样品致密性有较大的帮助，并且在低温保温段提高 20 ℃后，样品中残留的铁氧化物明显减少，在高温烧结时产生的液相量减少，不会对样品的成型产生较大的影响。

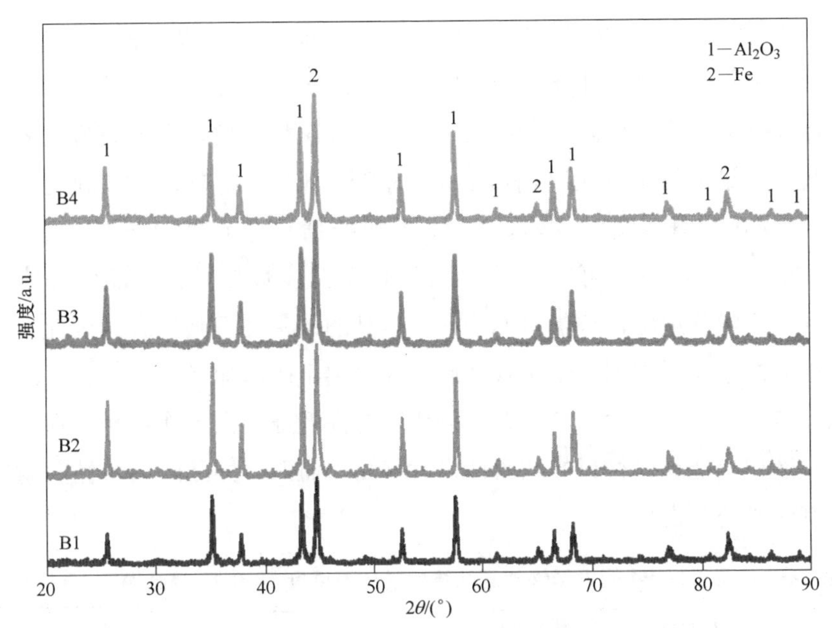

图 6-4 样品 B1~B4 经过 1160 ℃还原、1360 ℃烧结后的 XRD 图谱
（还原温度 1160 ℃-烧结温度 1360 ℃）

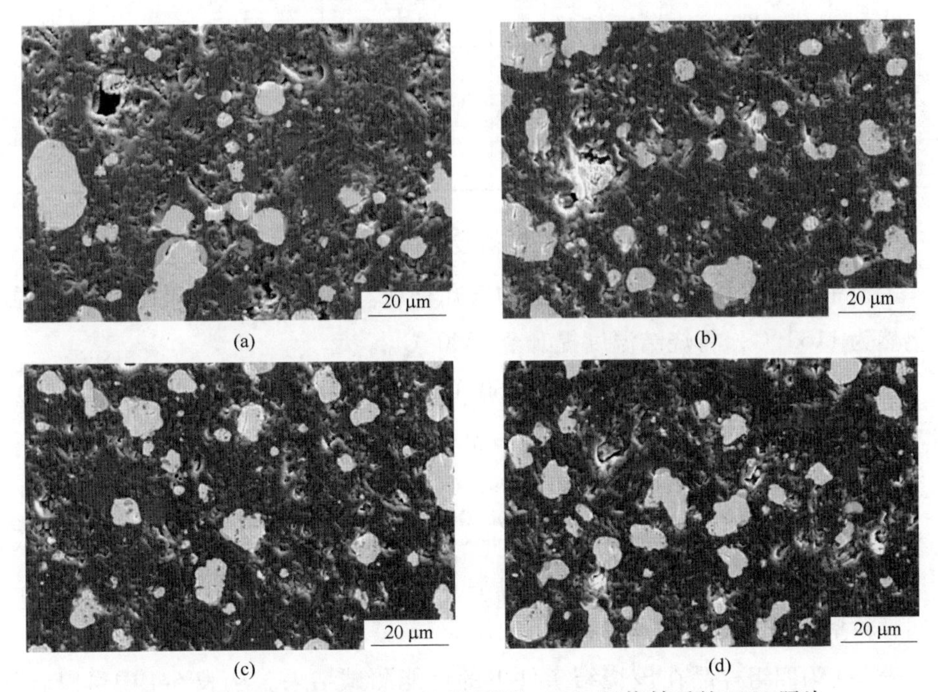

图 6-5 样品 B1~B4 经过 1160 ℃还原、1360 ℃烧结后的 SEM 照片
（还原温度 1160 ℃-烧结温度 1360 ℃）
(a) B1；(b) B2；(c) B3；(d) B4

表 6-3 为样品 B1～B4 在该烧结条件下的性能测试结果。相比于 1140 ℃还原、1340 ℃烧结后样品，四组样品的力学性能与耐酸碱性有了明显的提升，这主要归因于样品气孔率的降低。同时，还发现四组样品抗折强度表现出先增大后减小的规律，最大值出现在 B3 样品处，为 260 MPa。断裂韧性及硬度也表现出了同样的变化规律，即在样品 B3 处达到峰值，分别为 4. 51 MPa · $m^{1/2}$ 及 10. 21 GPa。从 SEM 图中可以看到，样品 B1 的致密性较差，样品中仍然有残留气孔存在，而随着铝土矿添加量的增加，样品的致密性得到提升。因此，在该条件对于性能的主要影响因素便是致密性。随着铝土矿添加量的增大，样品中杂质氧化物的含量也势必增大，这些杂质氧化物在高温烧结会形成液相。在一定含量范围内，液相量越高，材料的致密性也就越高。而四组样品的耐酸性和耐碱性之间并没有明显的差别。

表 6-3　样品 B1～B4 的力学性能测试结果（还原温度 1160 ℃-烧结温度 1360 ℃）

样品	抗折强度 /MPa	断裂韧性 /MPa · $m^{1/2}$	硬度 /GPa	耐碱性 /%	耐酸性 /%
B1	190	4. 18	9. 78	97. 57	87. 23
B2	230	4. 29	9. 99	97. 41	88. 42
B3	260	4. 51	10. 21	97. 33	89. 48
B4	230	4. 50	10. 02	97. 61	89. 72

6. 2. 1. 3　还原温度 1160 ℃-烧结温度 1380 ℃

上节中 SEM 图显示仍然有少量的气孔存在。因此，在本节中，保持还原温度仍然为 1160 ℃，将烧结温度提升至 1380 ℃。

图 6-6 为四组样品经还原温度 1160 ℃、烧结温度 1380 ℃烧结后的 XRD 图谱，图中显示，四组样品除主相 Al_2O_3 及 Fe 外，并没有检测到其他物质。

图 6-7 为四组样品经还原温度 1160 ℃、烧结温度 1380 ℃烧结后的 SEM 照片。从图中可以看到，四组样品均具有较高的致密性，并没有观察到明显的气孔存在。说明提高烧结温度进一步提升了样品的致密性。并且可以观察到，样品中金属颗粒呈现圆形或者椭圆形存在。

表 6-4 为四组样品在该烧结条件下的性能测试结果。从表 6-4 中可以看到，样品的力学性能及化学稳定性得到了明显的提升。抗折强度、断裂韧性及硬度仍然表现为先增大后减小的规律，其中最大值出现在 B3 样品处，分别为 310 MPa、

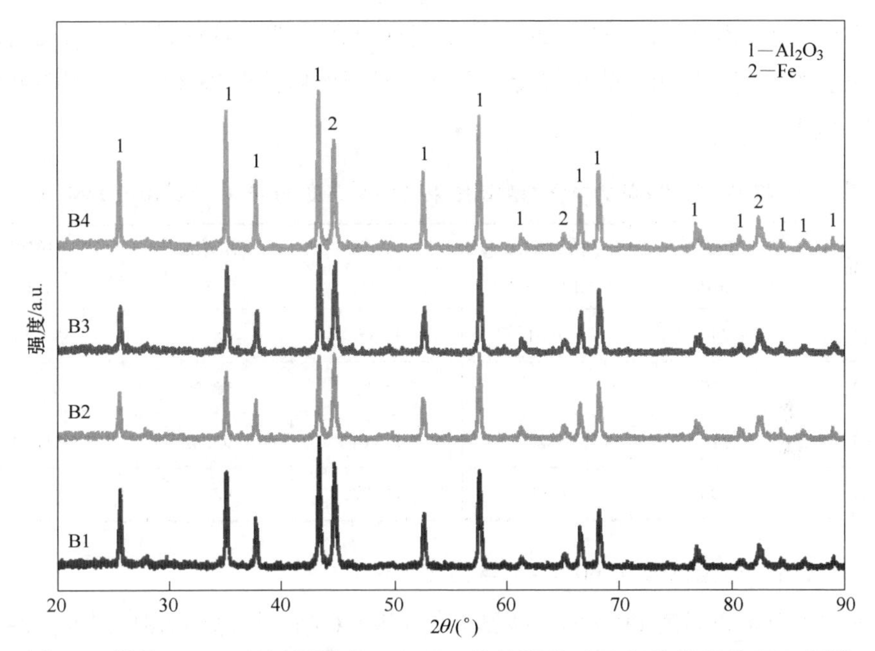

图 6-6 样品 B1~B4 经还原温度 1160 ℃、烧结温度 1380 ℃烧结后的 XRD 图谱
（还原温度 1160 ℃-烧结温度 1380 ℃）

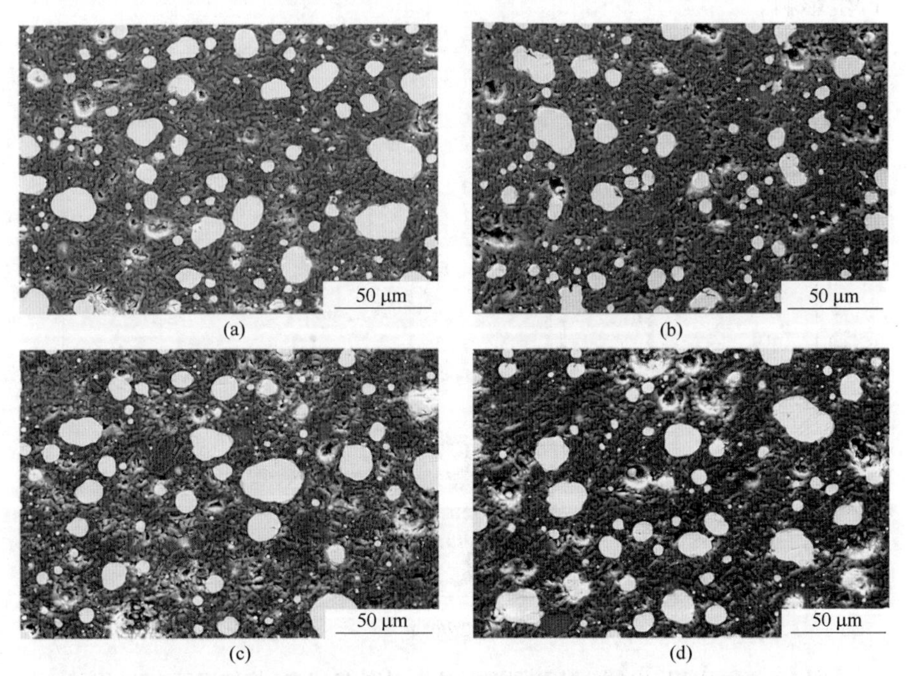

图 6-7 样品 B1~B4 经还原温度 1160 ℃、烧结温度 1380 ℃烧结后的 SEM 照片
（还原温度 1160 ℃-烧结温度 1380 ℃）
（a）B1；（b）B2；（c）B3；（d）B4

5.21 MPa · $m^{1/2}$及 12.14 GPa。而化学稳定性方面，四组样品的耐酸性及耐碱性并无明显的差别，但由于烧结温度的升高，耐碱性提升至 98%以上，耐酸性提升至 95%以上。

表 6-4　样品 B1~B4 的力学性能测试结果（还原温度 1160 ℃-烧结温度 1380 ℃）

样品	抗折强度 /MPa	断裂韧性 /MPa · $m^{1/2}$	硬度 /GPa	耐碱性 /%	耐酸性 /%
B1	240	4.61	11.47	98.25	95.51
B2	250	4.86	11.62	98.30	95.47
B3	310	5.21	12.14	98.32	95.44
B4	290	5.09	11.97	98.29	95.52

6.2.1.4　还原温度 1160 ℃-烧结温度 1390 ℃

图 6-8 为还原温度 1160 ℃、烧结温度 1390 ℃制备样品的 XRD 图谱。图中并未看到显著变化，四组样品只含有 Al_2O_3 和 Fe，说明烧结温度的提升对还原产物并不产生影响。

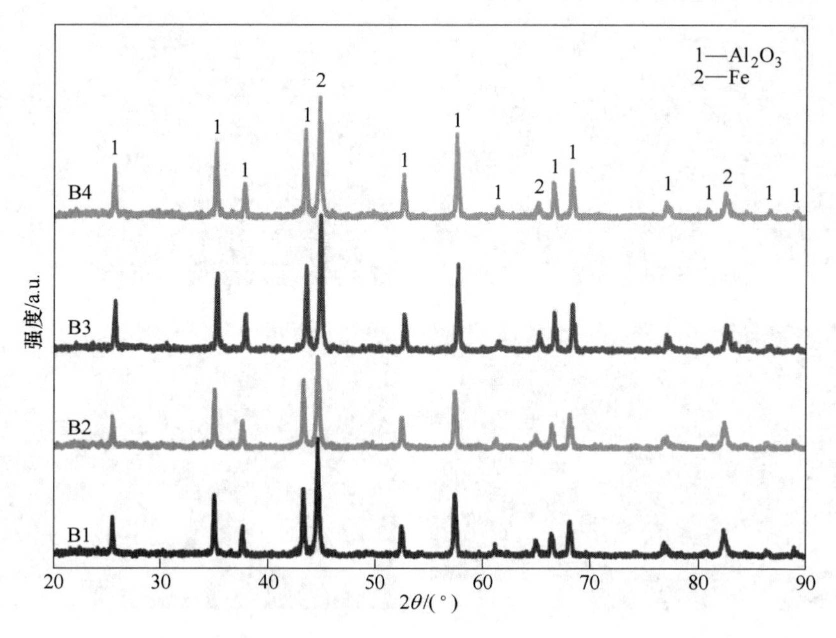

图 6-8　样品 B1~B4 的 XRD 图谱（还原温度 1160 ℃-烧结温度 1390 ℃）

图 6-9 为还原温度 1160 ℃、烧结温度 1390 ℃制备样品的 SEM 照片。从图中

可以看到，金属相在颗粒大小及分布方面与还原温度 1160 ℃、烧结温度 1380 ℃制备的样品几乎无任何差异。但可以明显发现，样品中有少量气孔存在。尤其是样品 B3 和 B4 更加明显，说明此时烧结温度太高，样品出现了过烧的情况，造成样品在烧结过程中发生膨胀，冷却后有残留气孔存在。

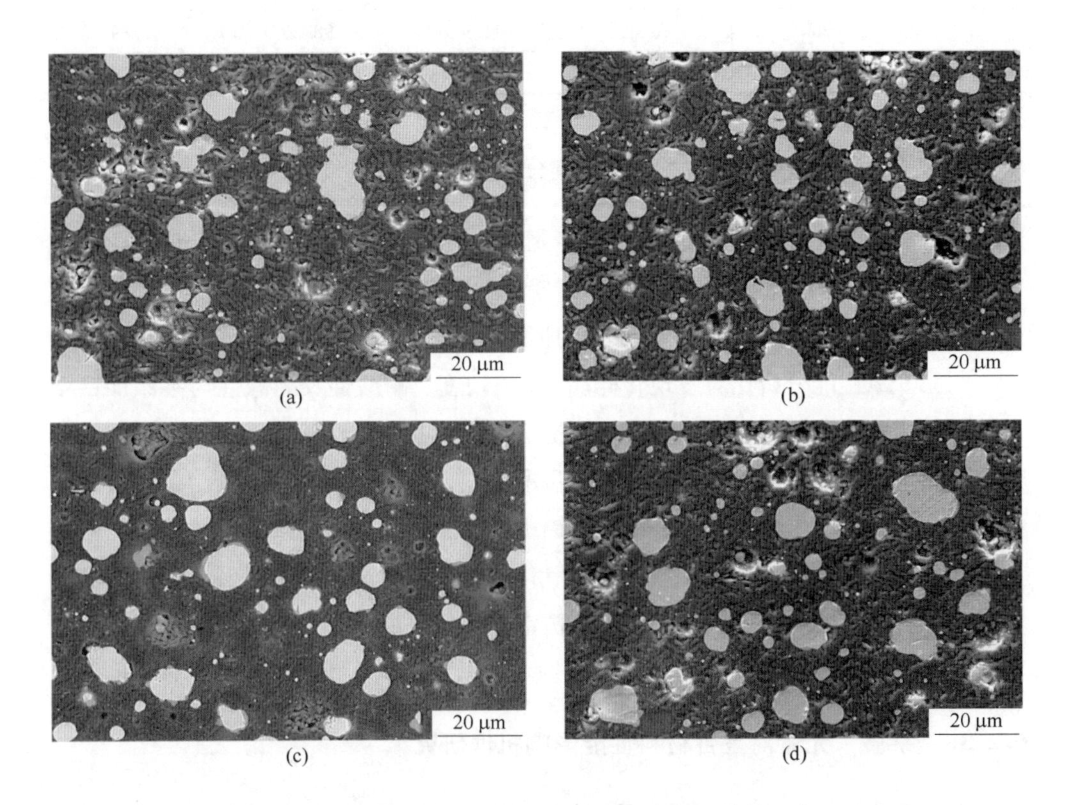

图 6-9 样品 B1~B4 的 SEM 照片（还原温度 1160 ℃-烧结温度 1390 ℃）

(a) B1；(b) B2；(c) B3；(d) B4

表 6-5 为四组样品的力学性能与化学稳定性测试结果。从力学性能方面看，升高烧结温度后的样品，其抗折强度、断裂韧性及硬度均有不同程度的降低。这也进一步证明了 SEM 分析得到的结论，样品发生过烧膨胀，造成力学性能下降。但在化学稳定性方面，与未升高烧结温度的四组样品相比，耐碱性的变化不大，仍然可以保持在 98%左右。但耐酸性有小幅的下降，说明耐酸性受样品的气孔率影响较大。气孔率较大，玻璃相及第 5 章中提到的第二相析出物不能很好地保护金属颗粒，造成金属颗粒被腐蚀。

表 6-5　样品 B1～B4 的力学性能测试结果（还原温度 1160 ℃-烧结温度 1390 ℃）

样品	抗折强度 /MPa	断裂韧性 /MPa · $m^{1/2}$	硬度 /GPa	耐碱性 /%	耐酸性 /%
B1	260	4.46	11.20	98.17	93.01
B2	280	4.52	11.39	98.34	93.52
B3	260	5.01	11.97	98.26	92.89
B4	270	4.88	11.41	98.30	92.03

6.2.2 “杂质”元素对材料性能的影响分析

对以上各制备条件下性能的分析，尤其是力学性能的分析发现，四组样品均表现为先增大后减小的趋势。同时，抗折强度、断裂韧性及硬度均在样品 B3 处达到峰值。特别是在样品完全致密化的情况下。

与第 5 章性能分析比对发现，样品 B3 的硬度、耐酸性及耐碱性与不添加铝土矿的样品相比基本没有较大的变化，而抗折强度和断裂韧性甚至略高于不添加铝土矿的样品。本实验的设计初衷，为进一步增加矿物的利用率并且降低制备成本，选择利用部分铝土矿代替化学纯氧化铝。铝土矿的添加，在加入氧化铝的同时，会带入一部分二氧化硅、氧化镁及氧化钙等氧化物杂质，而这些杂质似乎没有对样品的力学性能产生消极的作用。为进一步分析铝土矿的添加，尤其是矿物中杂质氧化物对 Fe-Al_2O_3 力学性能的影响机制，本研究将从微观结构入手，深入分析这一问题。

6.2.3 “杂质”元素对复合材料性能影响机理研究

上文分析得到，在样品具有足够的致密性以后，四组样品虽然经过不同的烧结温度，但都表现出了一个共同的规律，即力学性能随着铝土矿的添加量逐渐变好，且在样品 B3 处达到最大值，继续添加铝土矿，样品 B4 的力学性能会有下降趋势，为了分析铝土矿对样品微观结构和力学性能的影响规律，选取综合性能最佳的样品，即在还原温度 1160 ℃、烧结温度 1380 ℃制备得到的样品进行研究。

6.2.3.1　复合材料微观结构的研究

之前对四组样品的 XRD 进行过分析，如图 6-6 所示。样品中只含有 Al_2O_3 和 Fe，说明铝土矿的添加并没有对样品的物相产生影响。图 6-10 为 B1～B4 样品在 1380 ℃烧结后的 SEM 图，白色颗粒为金属铁，黑色区域为氧化铝基体和玻璃相。从图 6-10 中可以看到，四组样品铁颗粒呈圆形或椭圆形存在。另外，在金属相的周围同样也发现有第二相析出物的存在，该析出物呈薄膜状存在于金属相与陶瓷相的相界上，这一现象与前一章基本一致，说明铝土矿的添加对金属相的形貌及分布也没有产生实质性的影响。

通过对金相组织的观察，发现了两个值得注意的问题。一是随着铝土矿的加入，氧化铝的晶粒尺寸减小；二是在铁颗粒中发现了晶界的存在，如图 6-10 中放大图所示。这可能是加入铝土矿可以改善试样力学性能的原因。以下将对这两部分的影响进行深入的探讨。

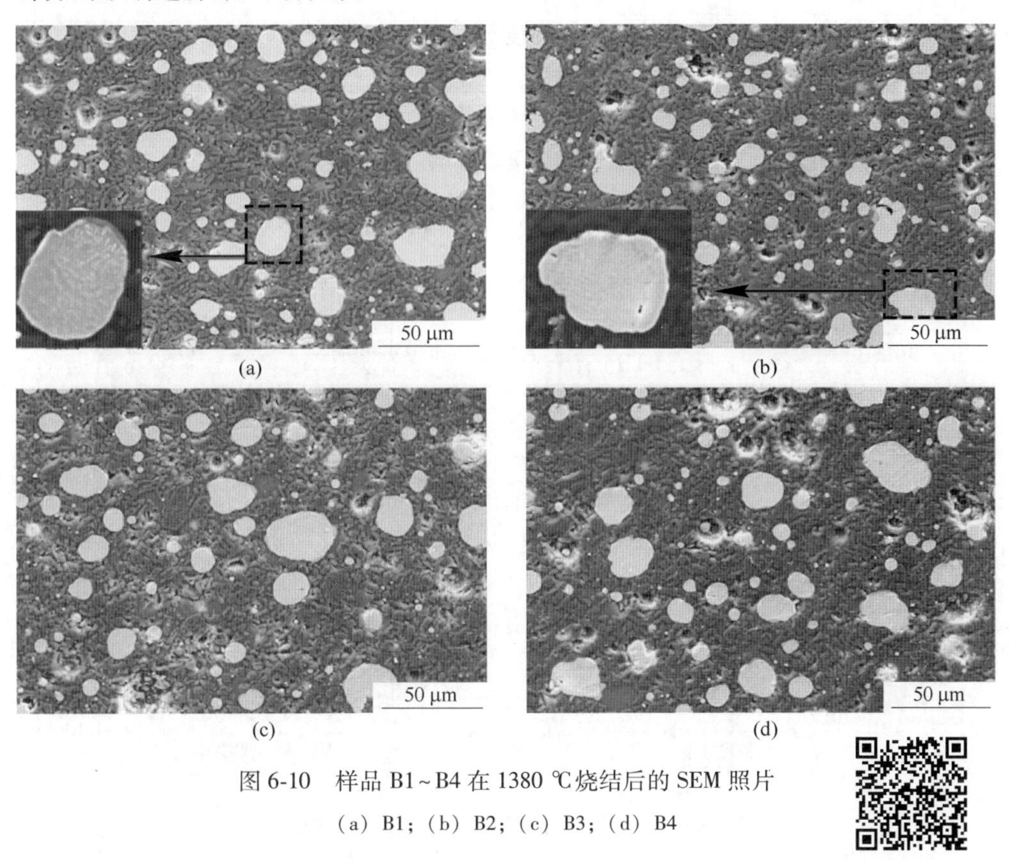

图 6-10　样品 B1~B4 在 1380 ℃烧结后的 SEM 照片

(a) B1；(b) B2；(c) B3；(d) B4

图 6-10 彩图

6.2.3.2　复合材料氧化铝晶粒尺寸的研究

由于四组样品的铁精矿及还原剂配入量均相同，并且具有相同的烧结温度和保温时间，所以金属相从形貌和尺寸来看，四组样品并没有明显的区别。由于氧化铝来源于纯氧化铝及铝土矿中，铝土矿中的氧化铝颗粒更加细小，因此复合材料的氧化铝晶体随着铝土矿的添加量增大，逐渐有更多的细小晶粒出现。为了定量分析氧化铝晶粒的尺寸，对四组样品的氧化铝晶粒尺寸进行统计分析，图 6-11

中（a）~（d）分别为样品 B1、B2、B3 及 B4 氧化铝晶粒尺寸分布图。随着铝土矿添加量的增加，复合材料氧化铝晶粒的尺寸变得更加细小。B1 样品中晶粒主要集中在 1.5~5.5 μm，并且 3.5 μm 的晶粒占比最多；B2 样品相比于 B1 样品，总体变化不大，大尺寸晶粒的含量减少；B3 样品中晶粒主要分布于 1.5~4.5 μm 之间，2.5 μm 晶粒占比最高；B4 样品大尺寸晶粒占比更低，2.5 μm 的晶粒占比约 35%。图 6-12 为四组样品氧化铝晶粒的平均尺寸变化图，随着铝土矿的增多，氧化铝平均粒径从 3.7 μm 降低至 3.0 μm。整体来看，B3 样品的晶粒细小，并且分布更加均匀，这是 B3 样品抗折强度较高的主要原因。

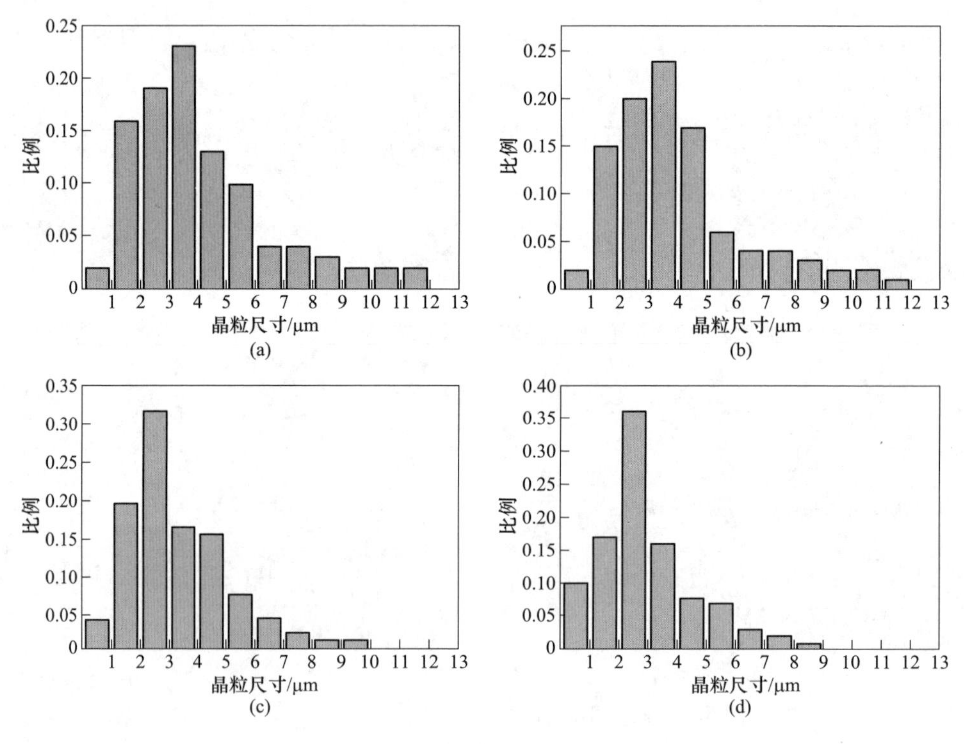

图 6-11　四组样品氧化铝晶粒尺寸分布图
（a）B1；（b）B2；（c）B3；（d）B4

6.2.3.3　复合材料金属相凝固过程的研究

为了分析上一节中发现的有关铁颗粒内部晶界的问题，本研究利用 EBSD 对样品的取向进行了分析。图 6-13 彩图中（a）~（d）为 B1、B2、B3、B4 样品的 EBSD 相分布图，红色颗粒为金属相，绿色晶体为氧化铝相，黑色未标定区域为玻璃相。从图 6-13 中可以看到，铁颗粒中确实存在大量的晶界。并且随着铝土

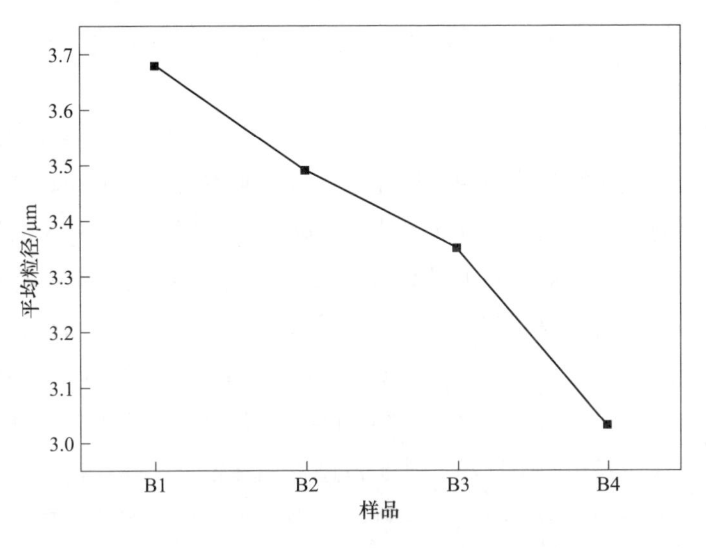

图 6-12 样品 B1～B4 氧化铝晶粒平均尺寸变化趋势

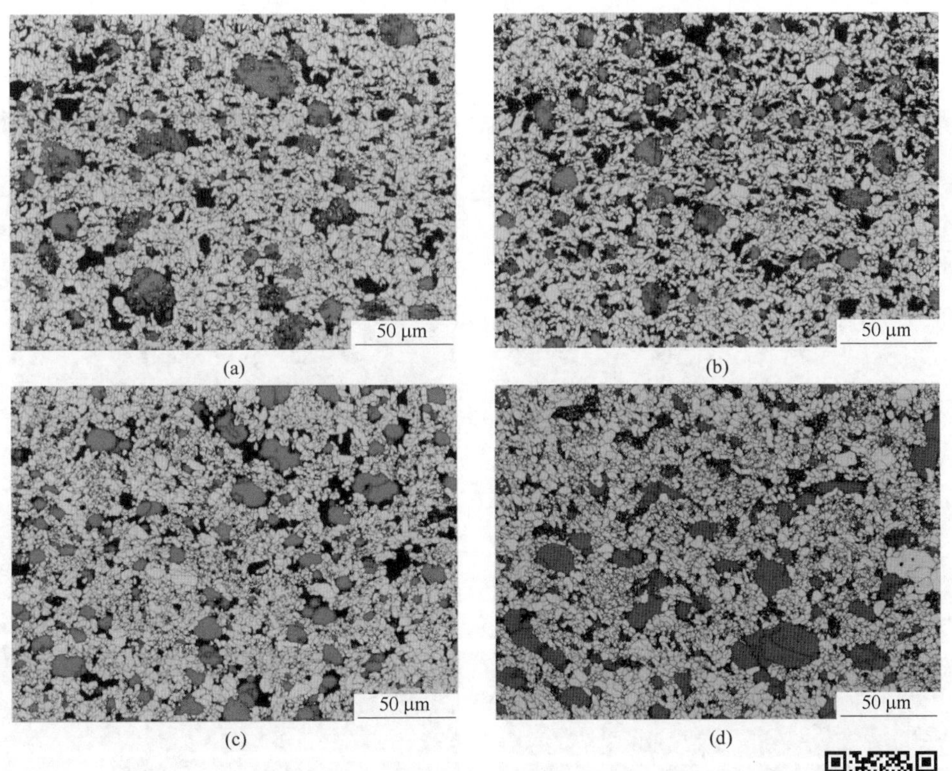

图 6-13 四组样品的相分布图

(a) B1; (b) B2; (c) B3; (d) B4

图 6-13 彩图

矿添加量的增加，晶界数量逐渐减少。金属颗粒逐渐转变为单晶或由几个亚晶粒组成。

图 6-14 中（a）~（d）分别为样品 B1、B2、B3 及 B4 的晶体取向分布图。从图中可以看到，氧化铝晶体在四组样品中的分布基本为随机分布，并没有发现有明显特定的取向关系。而通过金属颗粒的取向观察，发现图 6-13 的相分布中显示为单个颗粒的金属铁颗粒并不具有唯一特定的晶体取向。在 B1 样品中的金属颗粒取向杂乱且随机，内部存在有大量的晶界。随着铝土矿的增加，金属颗粒的取向逐渐趋于统一。图 6-14 中（e）~（h）为 B1、B2、B3 及 B4 样品的应力分布图。从图中可以看到，从样品 B1 到样品 B4，随着原料中铝土矿的增加，铁颗粒的应力逐渐降低。对于四组样品，其制备过程是一致的，并且这一过程中并无外加的力，因此，我们推断对样品金属颗粒凝固过程产生影响的重要原因为样品在冷却过程产生的热应力，换言之，是由于不同样品中铁颗粒所在的微区环境的热容不同，造成铁颗粒冷却速度不同。

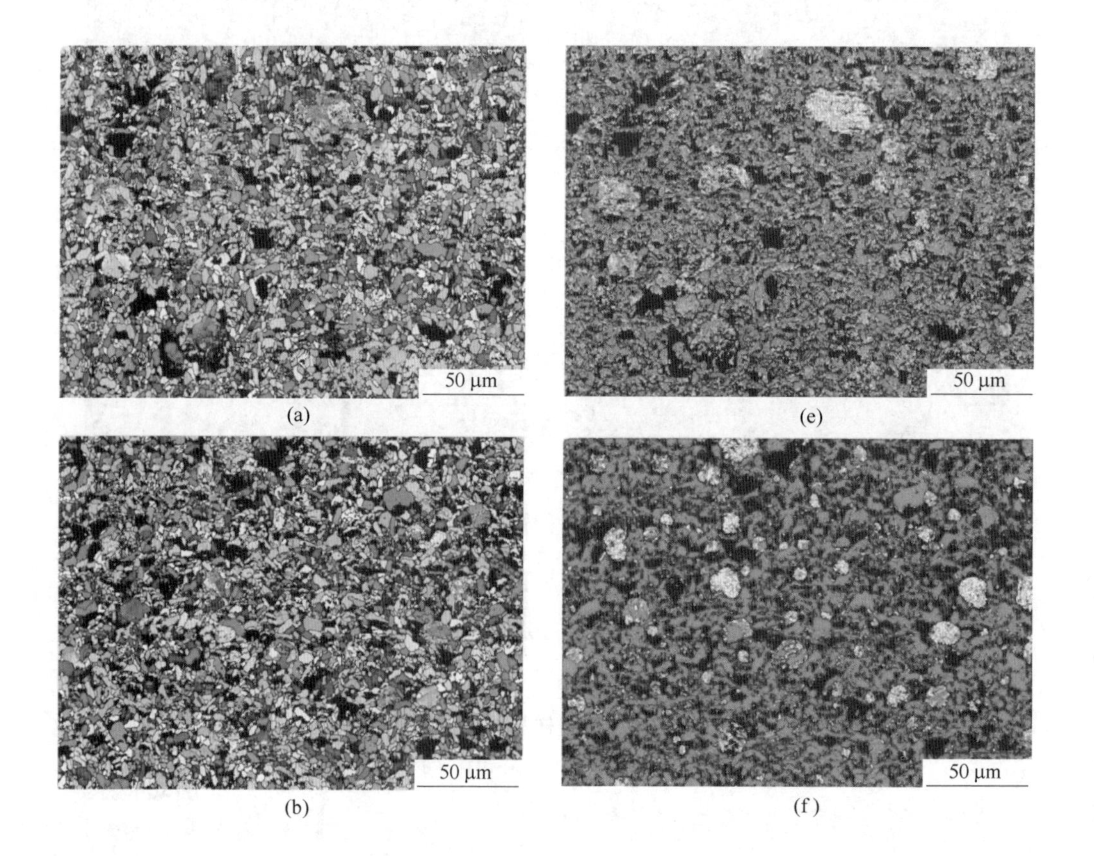

(a)　(e)

(b)　(f)

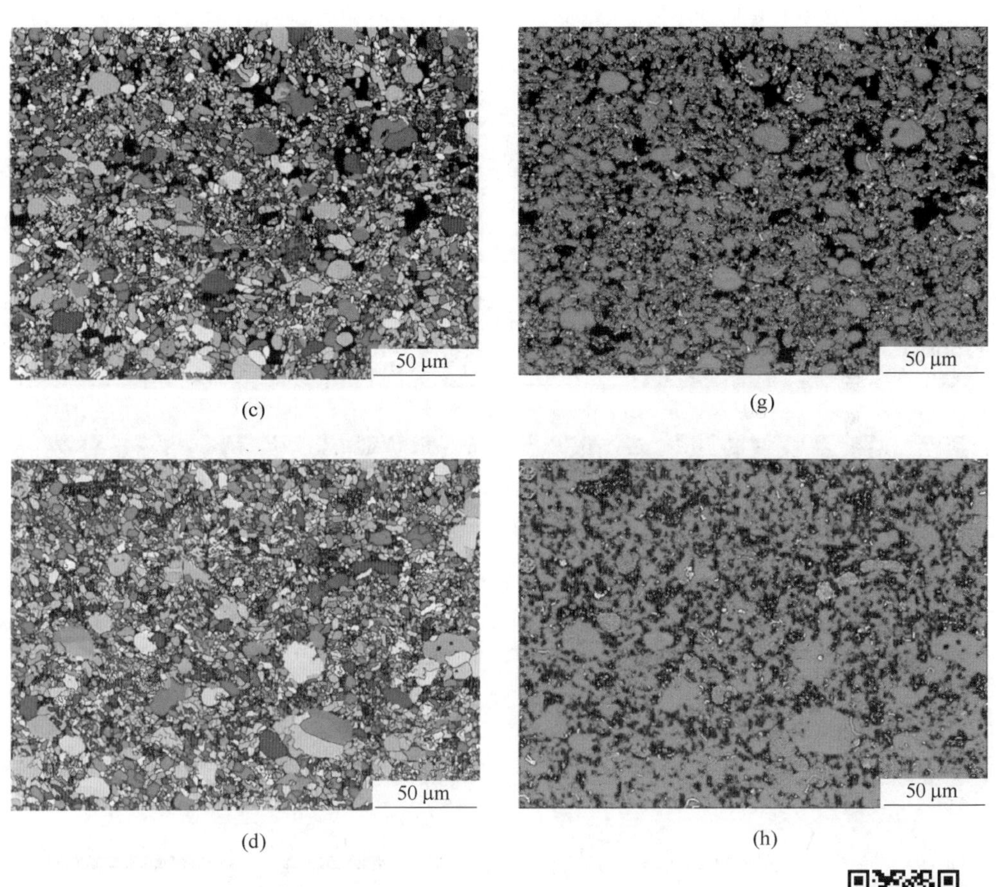

(c) (g)

(d) (h)

图 6-14 样品 B1 ~ B4 的 IPFX 图及应力分布图

(a)，(e) B1；(b)，(f) B2；(c)，(g) B3；(d)，(h) B4

图 6-14 彩图

晶界存在着多种的分类，而晶界类型的不同也会有多种不同的产生原因。为了分析样品中金属颗粒晶界产生的原因，首先将样品中铁颗粒内部的晶界按角度进行分类，其中小于 2°用黄色表示，2° ~ 10°用红色表示，大于 10°用黑色表示，如图 6-15 彩图所示。图中发现在所有的样品中，尤其是含有大量晶界的 B1 和 B2 样品，大部分的晶界是黄色的，也就意味着这些晶界基本都属于小角度晶界。小角度晶界通常可以认为是位错的集中[133]，因此，样品 B1、B2 中的小角度晶界便可看成是大量的位错，而位错通常是由于金属颗粒在冷凝过程中应力造成的。本研究中，采用的烧结工艺为无压烧结，并没有外力的引入。所以，势必是由于冷却过程中的热应力造成的。

图 6-15　样品 B1～B4 的晶界分布图

(a) B1；(b) B2；(c) B3；(d) B4

图 6-15 彩图

根据铝土矿的化学成分，铝土矿除含有大量 Al_2O_3 外，还含有 TiO_2、SiO_2 及 CaO 等氧化物。由于 XRD 测试中没有发现 TiO_2 的衍射峰，所以可以推断这些氧化物在高温下形成液相，在冷却过程中形成玻璃相。因此，随着原料中铝土矿含量的增加，TiO_2、SiO_2 等氧化物含量也随之增加，样品在烧结过程中产生更多的液相。在金属液滴及其周围的微区环境内，随着原料铝土矿含量增加，有更多的硅酸盐液相包围于金属液滴周围。以 B3 样品为例，对样品进行 EDS 分析，结果如图 6-16 所示。利用“Quantmap”功能得到定量元素表面分布图，提取玻璃相各点的化学成分并取其平均值，结果见表 6-6。

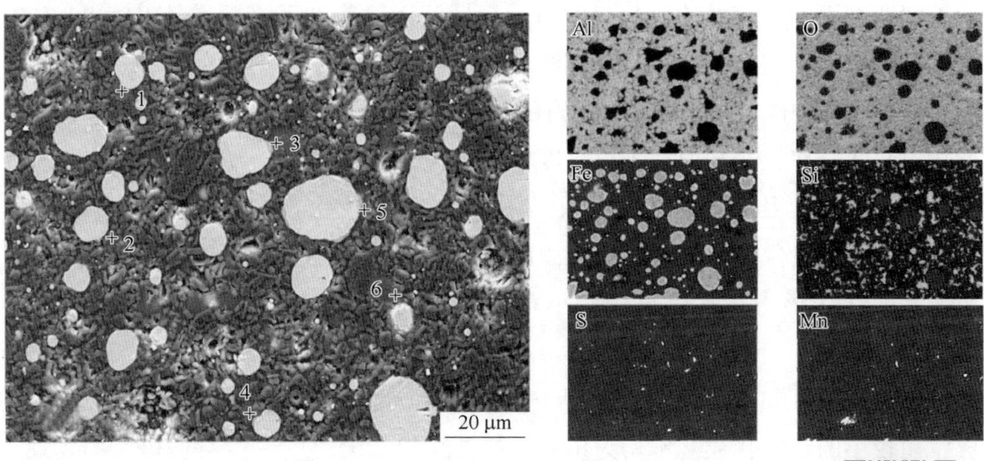

图 6-16　B3 样品的 EDS 分析结果

图 6-16 彩图

表 6-6　样品 B3 中玻璃相的化学组成与 0.1 MPa 的偏摩尔热容　　（质量分数,%）

光谱点	SiO_2	Fe_2O_3	Al_2O_3	TiO_2	MgO	CaO	K_2O
点 1	39.24	24.55	24.14	6.25	1.89	2.94	0.99
点 2	40.69	26.49	23.51	5.89	1.14	1.07	1.21
点 3	40.16	26.41	24.52	5.49	1.19	1.01	1.22
点 4	37.69	25.25	25.19	5.99	2.54	2.14	1.2
点 5	39.14	25.61	24.08	4.04	2.01	2.89	2.23
点 6	39.87	25.02	23.89	4.87	2.24	2.24	1.87
平均含量	39.47±0.95	25.56±0.71	24.22±0.53	5.42±0.76	1.84±0.52	2.05±0.77	1.45±0.44
$C_{p,j}$/J·(mol·K)$^{-1}$[134]	80.0	229.0	157.6	111.8	99.7	99.9	97.0

根据文献[135]，硅酸盐熔体摩尔热容的模型为：

$$C_p = \sum_i X_i C_{p,j} \tag{6-1}$$

通过计算，B3 样品中玻璃相在高温熔融时的热容 C_p 为 138.7 J/(mol·K)，而氧化铝晶体在烧结时的热容约为 130 J/(mol·K)[136]。一方面，由于硅酸盐熔体的热容较氧化铝大，另一方面，硅酸盐熔体凝固的过程中会释放热量。因此，在金属液滴冷却过程中，较多的硅酸盐液相会提供额外的热量，从而导致金属液滴冷却速度下降。较慢的冷却速度造成金属液滴过冷度下降。样品 B1～B4 中硅酸盐液相量逐渐增多，冷却速度逐渐下降，金属液滴的过冷度逐渐降低。

在 B1 样品中，由于金属液滴周围微区环境的热容较小，金属液滴的冷却速度相对较快。在大冷却速率下，温度梯度引起的热应力会导致位错的发生，这一结论与许多已发表的研究结果一致[117,138,139]。根据位错模型[140]，小角度晶界可以认为是由大量位错组成。根据凝固原理，大量的低角度晶界使金属硬化，从而影响其塑性变形。在本研究中，小角度晶界削弱了复合材料中金属相的增强作用。

从相分布可知，B3 样品中较大的金属相颗粒都由两个或两个以上的晶体组成，而较小的金属颗粒基本均为单晶，如图 6-17（b）所示。通过 IPFX 图发现，

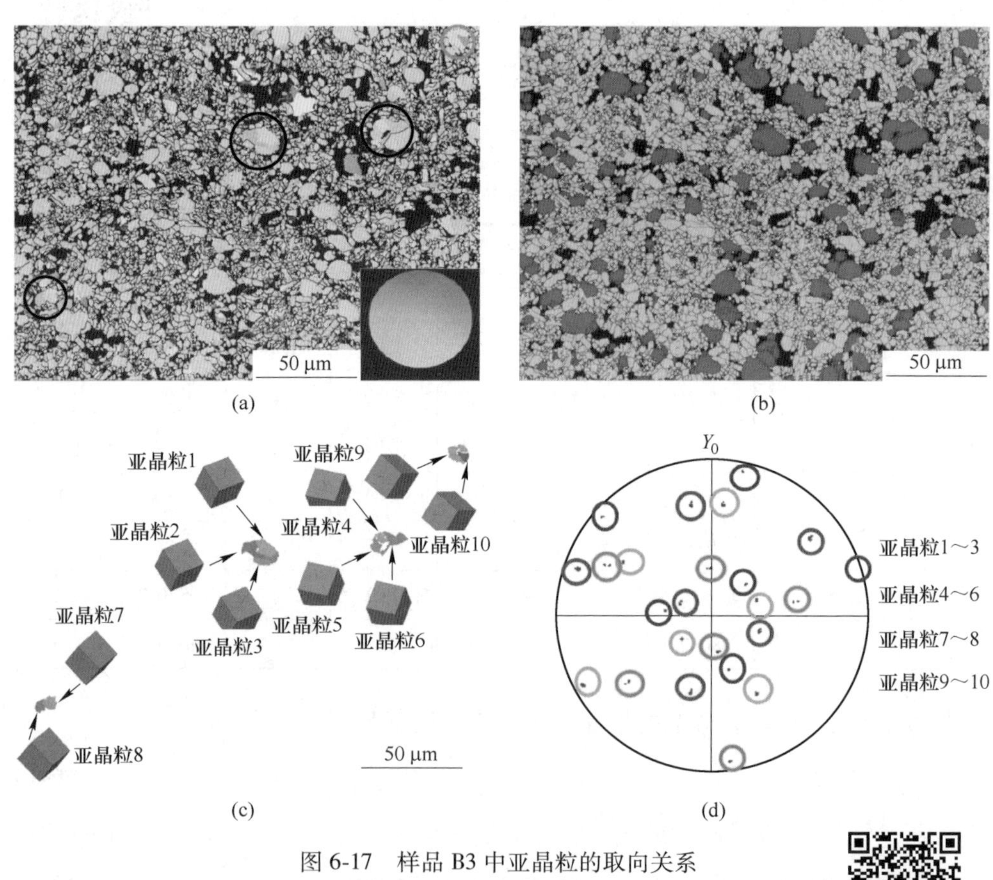

图 6-17　样品 B3 中亚晶粒的取向关系

（a）小角度晶界分布图；（b）相分布图；

（c）亚晶粒的取向分布；（d）亚晶粒在（110）的投影图

图 6-17 彩图

这些较大金属颗粒内部的晶体颜色较为接近，意味着两个晶体的取向差较小。图6-17彩图（a）中红色圆圈内的金属均含有两个或两个以上的亚晶，对每个亚晶进行取向分析，如图6-17（c）所示，结果显现，每个金属颗粒所包含的亚晶，其取向是一致的。为进一步证明该结论，将所有亚晶的取向显示在极图上，如图6-17彩图（d）所示，每种颜色代表一个金属颗粒内部的亚晶。结果表明，同一种颜色所代表的几个亚晶的取向在极图上重合。证明每个金属颗粒所包含的亚晶之间存在共格关系。

由于核与母晶的晶格完全匹配，核与晶体的界面是共格或者半共格界面，使得成核能进一步降低[140,141]。图6-18是晶界形核示意图。图6-18（a）中的“晶体”是长大的晶体，其下表面与陶瓷相接触，由于润湿性差，所以其与陶瓷相的界面呈现冠状型。在上表面新形成的核与晶体之间属于共格界面。因此，表面的形状是平直的，这是一个低能量的界面。随着时间的推移，液相中的原子在界面处不断积累，晶体不断生长，逐渐形成新的晶体，如图6-18（b）中所标注的“新晶体”。因此，一个铁粒子是由两个或多个具有相同取向的晶体组成的，造成了平直的晶界。

由于样品中液体含量及热容的不同，导致微区铁颗粒的冷却速度不同，导致铁颗粒过冷度不同。试样中铝土矿含量对凝固过程中金属液滴的热应力有较大影响。样品B1中存在大量低角度晶界，影响了样品受力过程中的塑性变形。样品B3中只有少量小角度晶界，样品在受力过程中，铁颗粒通过明显的塑性变形吸收了更多的能量。这是B3样品力学性能优异的另一个重要原因。

(a)

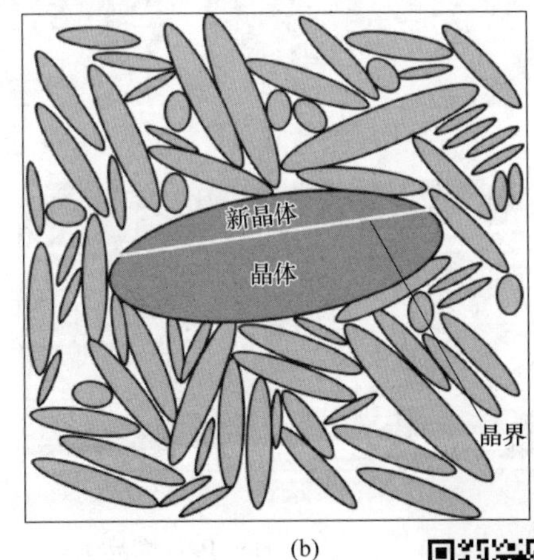

(b)

图6-18 晶界形核示意图

（a）形核阶段；（b）晶体生长阶段

图6-18彩图

6.2.3.4 增强机制

为了研究复合材料的颗粒强化机理，采用 EBSD 对样品受力前后进行了研究。图 6-19 为样品 B3 受力前后的 EBSD 分析结果。

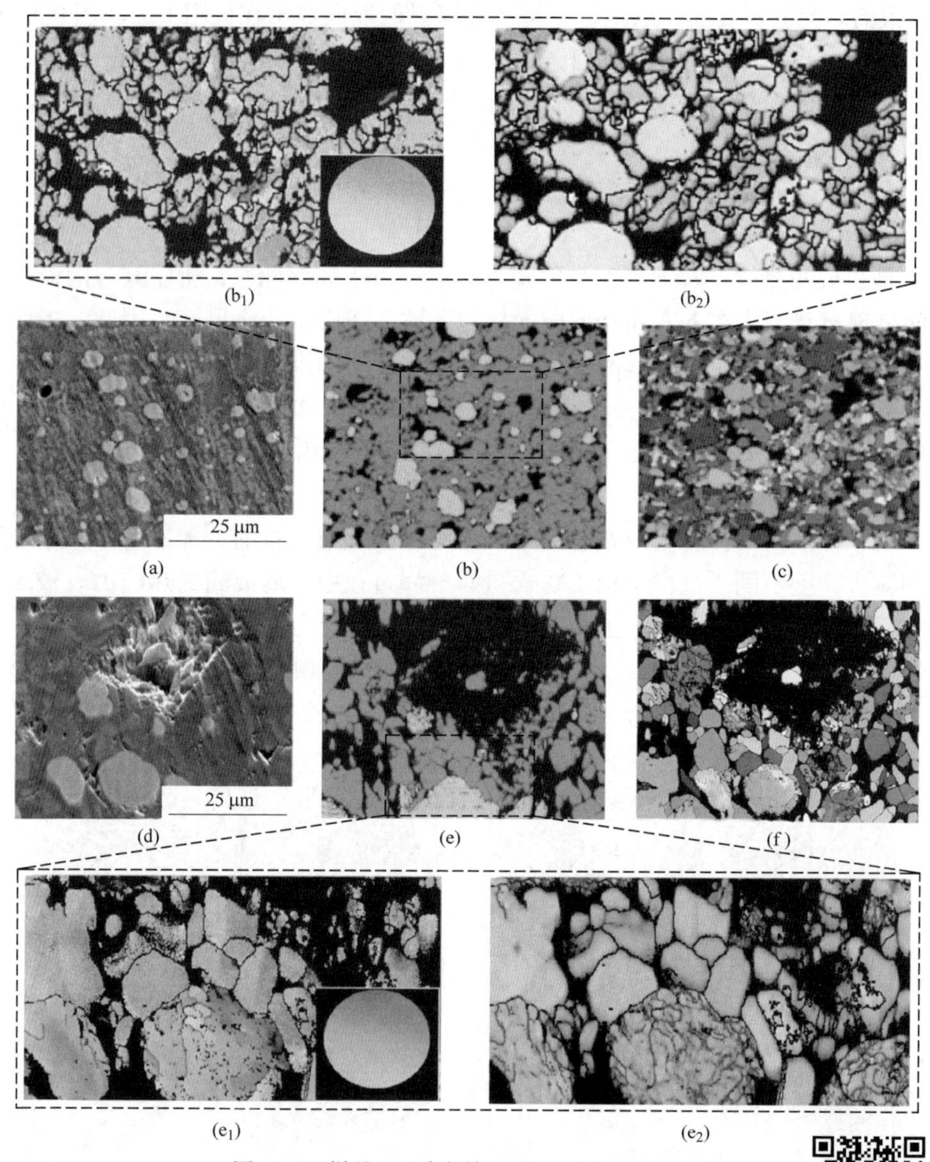

图 6-19 样品 B3 受力前后的 EBSD 分析结果

(a) 受力前 SEM 图；(b) 受力前 EBSD 相分布；
(b_1) 受力前金属相晶界角度分布；(b_2) 受力前金属相晶界分布；
(c) 受力前 IPF 图；(d) 受力后 SEM 图；(e) 受力后 EBSD 相分布；
(e_1) 受力后金属相晶界角度分布；(e_2) 受力后金属相晶界分布；(f) 受力后 IPF 图

图 6-19 彩图

图6-19中（a）~（c）为样品B3在不受力情况下EBSD分析结果。从图6-19（c）中可以看出，样品中的金属颗粒具有统一的取向，金属没有发生取向的改变。而从图6-19（b_1）及图6-19（b_2）的晶界分布及晶界角度分布可以发现，金属颗粒内部仅有少量的晶界存在，这是由于样品在冷却过程中的热应力造成的。图6-19中（d）~（f）为样品B3进行压痕测试后的EBSD分析结果。图6-19（f）为受力后的IPF图，从图中可以看到，样品在受到外力作用后，金属颗粒发生了明显的变化，试样内部产生了大量的晶界。而从图6-19（e_1）和图6-19（e_2）的晶界角度分布及晶界分布可以看出，这些晶界属于角度较小的晶界。根据位错理论[117]，小角度晶界可以视为由大量位错组成。金属颗粒的位错主要是由应力过程中金属相的塑性变形引起的，在这一过程必然会吸收大量的能量，从而提高复合材料的力学性能。

6.3 本 章 小 结

本章在第5章的基础之上，为进一步增加矿物利用率并降低成本，利用铝土矿代替了原料中部分氧化铝。由于铝土矿的加入，造成原料中杂质氧化物含量的升高，研究了不同还原温度及烧结温度对材料物相、微观结构及性能的影响。主要结论如下：

（1）通过对不同制备工艺条件的优化，通过微观结构及性能研究发现，最佳的制备工艺条件为还原温度1160 ℃、烧结温度1380 ℃。该工艺条件下，样品B3表现出最佳的性能，具体为：抗折强度可达310 MPa，断裂韧性为5.21 MPa·$m^{1/2}$，硬度达到12.14 GPa，耐碱性为98.32%，耐酸性为95.44%。该复合材料不仅具有优良的力学性能和较高的耐腐蚀性，并且生产成本低，工艺简单，具有广阔的应用前景。

（2）随着原料中铝土矿含量的增加，样品在烧结过程中硅酸盐液相的含量增加。由于该液相的热容大于氧化铝晶体的热容。因此，随着铝土矿含量的增加，样品中金属液滴冷却过程中冷却速度较慢，造成金属液滴的过冷度降低，金属颗粒凝固后的热应力降低，内部的位错密度降低。而过冷度较大的样品（B1样品）金属颗粒内部有大量晶界及位错，影响其在受力过程中的塑性变形。利用EBSD分析样品压痕中发现，在样品受力的过程中，B3样品的金属颗粒可以发生明显的塑性变形吸收更多的能量，从而提升样品的力学性能。

（3）矿物中的“杂质”氧化物，如 SiO_2、CaO、MgO 等氧化物在 Fe-Al_2O_3 的制备过程中可以发挥其独有的作用。在烧结过程中，这些氧化物形成液相，促进复合材料的烧结致密化。另外，在该液相冷却的过程中，在其微区环境内影响了金属颗粒的凝固过程，为金属颗粒提供了额外的热量，降低金属颗粒的过冷度，降低其位错密度，提高塑性变形能力。

7 稀土元素对 $Fe\text{-}Al_2O_3$ 复合材料结构和性能的影响

近几年，许多研究者发现稀土氧化物是陶瓷复合材料烧结过程中有效的烧结助剂[142,143]。例如，有研究者将 Y_2O_3 和 CeO_2 引入到 Ti/Al_2O_3 复合材料体系中，以增加材料的致密性和提升材料的力学性能。Liu 发现 Y_2O_3 可明显增强 Ti/Al_2O_3 复合材料，主要的增强机制是材料的断裂方式由晶界断裂转变为晶界断裂和穿晶断裂的混合方式，其硬度达到 13.34 GPa，抗折强度达到 488 MPa[144]。Xu 等将 Pr_6O_{11} 加入 Ti/Al_2O_3 中，发现 Pr 可以改善 Ti 与 Al_2O_3 的反应，提升材料的力学性能[1]。Chen 等研究了 La_2O_3 的添加对辉石体系微晶玻璃的晶相及残余玻璃相结构和性能的影响。

通过第 5、6 两章的研究工作发现利用白云鄂博矿物及铝土矿作为主要原料，采用反应烧结法原位合成 $Fe\text{-}Al_2O_3$ 复合材料是可行的。但由于采用矿物类原料，材料中存在少量的玻璃相。Chen 等研究发现玻璃相为该材料中相对较为薄弱的地方，如何提升玻璃相的强度成为该类材料的研究重点[145]。稀土氧化物可有效地提升微晶玻璃的残余玻璃相，提升材料整体的性能。Zhou 等研究了 CeO_2 对高炉渣微晶玻璃性能的影响，结果显示添加 CeO_2 可以改善玻璃相的稳定性[146]。Zhang 等研究了 CeO_2 对 $CaO\text{-}Al_2O_3\text{-}MgO\text{-}SiO_2$ 系微晶玻璃析晶行为的影响，结果发现一部分 CeO_2 进去了玻璃相中，另一部分以晶体的形式析出[147]。

白云鄂博矿中所含的稀土矿物主要是氟碳铈矿和独居石矿物，氟碳铈矿高温时容易分解为稀土氧化物与稀土氟化物，但独居石在高温时并不能完全分解，但是由于矿物中有 CaO 的存在，会促进独居石在高温时的分解[148,149]。因此，稀土矿物在高温烧结过程中，会分解为稀土的氧化物，见下式：

$$3CeFCO_3 = Ce_2O_3 + CeF_3 + 3CO_2 \tag{7-1}$$

$$2CePO_4 + 3CaO = Ca_3(PO_4)_2 + Ce_2O_3 \tag{7-2}$$

另外，白云鄂博矿中，不同的矿床其稀土含量也不同，为了寻找最佳的稀土添加量及稀土对 $Fe\text{-}Al_2O_3$ 复合材料的影响规律，本书以氧化铈为添加剂，研究不同添加量对 $Fe\text{-}Al_2O_3$ 复合材料微观结构和性能的影响。

7.1　材料的制备

7.1.1　成分设计

由于本实验所采用的铁精矿是经过分离稀土后的铁精矿，矿物中几乎不含有稀土元素。为寻找合适的稀土添加量，根据第 5、6 两章的研究工作确定的复合材料的最优配方的基础上，添加不同量的氧化铈，以研究不同氧化铈添加量对复合材料微观结构及性能的影响。具体配料见表 7-1。

表 7-1　样品配料表　　（质量分数,%）

样品	铁精矿	铝土矿	氧化铝	CeO_2
C1	50	20	30	0
C2	50	20	29	1
C3	50	20	27	3
C4	50	20	25	5

7.1.2　样品的制备

根据表 7-1 的配料表，取相应的物质混合。将称量好的粉末在 300 r/min 的球磨机中混合 4 h，球磨介质为无水乙醇，球粉比为 4 : 1。将得到料浆置于 95 ℃干燥箱中干燥 24 h。利用单轴成型的方式将混合物压制成 ϕ40 mm×5 mm 的样品，成型压力为 30 MPa。采用石墨埋烧的方式进行烧结，烧结温度为 1160 ℃、保温 3 h，温度为 1380 ℃、保温 3 h，升温速率为 5 ℃/min，烧结后随炉冷却至室温后取出。

7.2　结果与讨论

7.2.1　稀土添加对 $Fe-Al_2O_3$ 复合材料物相及微观结构的影响

图 7-1 为烧结后样品的 XRD 衍射图。从图中可以看出，样品 C1 ~ C4 中的 Al_2O_3 衍射峰都有较高的强度。在四组样品中均没有发现任何与氧化铁相关的衍射峰，但可以观察到较强的纯铁相的衍射峰，说明在烧结过程中氧化铁完全被还原为铁。同时，XRD 并未检测到其他晶体物质的存在，如 $MgCaSi_2O_6$、MnO_2 和

TiO_2，这与前文的研究结果一致，这些氧化物已经形成了玻璃相。在复合样品中加入 CeO_2 后，在添加 1%CeO_2 的 C2 样品中，仍然未观察到与 Ce 有关的衍射峰存在。而在添加 3% CeO_2 的 C3 样品中观察到有 Ce_2O_3 的存在。在添加 5% CeO_2 的 C4 样品中并未发现有 Ce_2O_3 的衍射峰，但取而代之的是 $CeAl_{11}O_{18}$ 的形成。

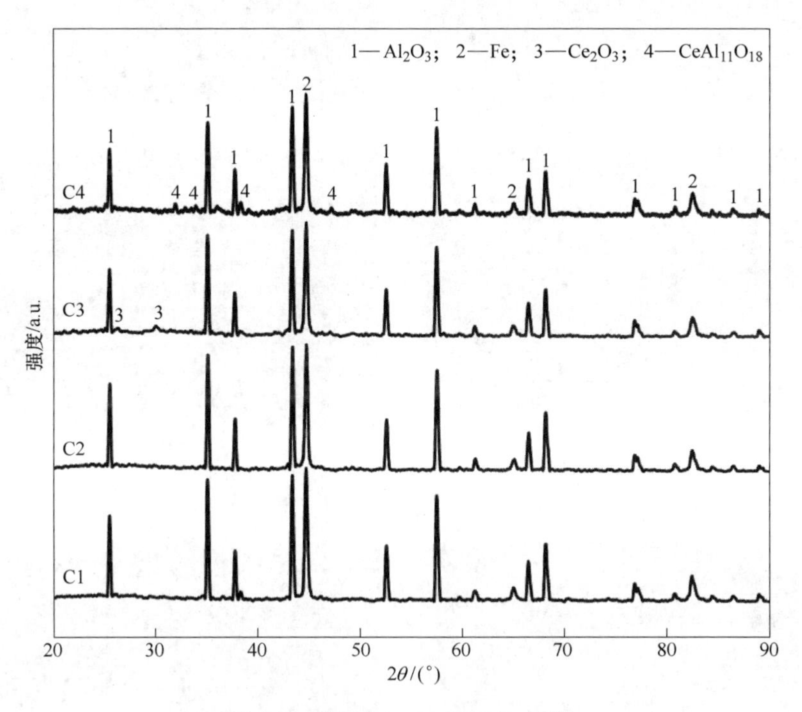

图 7-1 样品 C1~C4 的 XRD 图谱

图 7-2 为样品 C1~C4 的低放大倍数 SEM 图。从图中可以看出，白色颗粒为金属相，黑色区域为氧化铝晶体和玻璃相。金属相在氧化铝基体中均匀分布，四组样品的金属相在其形态和分布上并无明显差异，说明 CeO_2 的加入对金属相的分布并没有产生任何影响。图 7-3 为样品 C1~C4 的高放大倍数 SEM 照片。从图中可以看到，添加 1%CeO_2 的样品 C2 的基体只有氧化铝及玻璃相，并未发现有其他晶体的存在，与未添加 CeO_2 的样品 C1 相似。然而，在样品 C3（添加 3% CeO_2）中，如图 7-3（c）所示，基体仍然为玻璃相黏结氧化铝晶体，但可以发现玻璃相中存在一定数量的针状晶体。在样品 C4 中，如图 7-3（d）所示，除仍然可以观察到针状晶体，但其数量相比样品 C3 明显减少，另外还发现了另一种晶体，如彩图中黄色矩形框中标注。但加入 1%CeO_2 的 C2 样品无针状结晶，这与 XRD 结果一致。

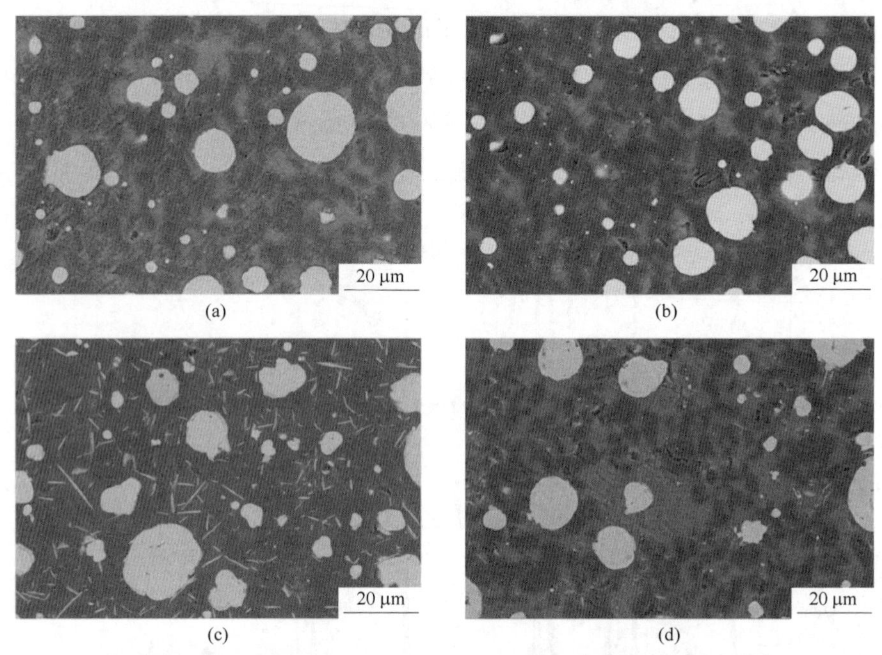

图 7-2　样品 C1～C4 的低放大倍数 SEM 照片
（a）C1；（b）C2；（c）C3；（d）C4

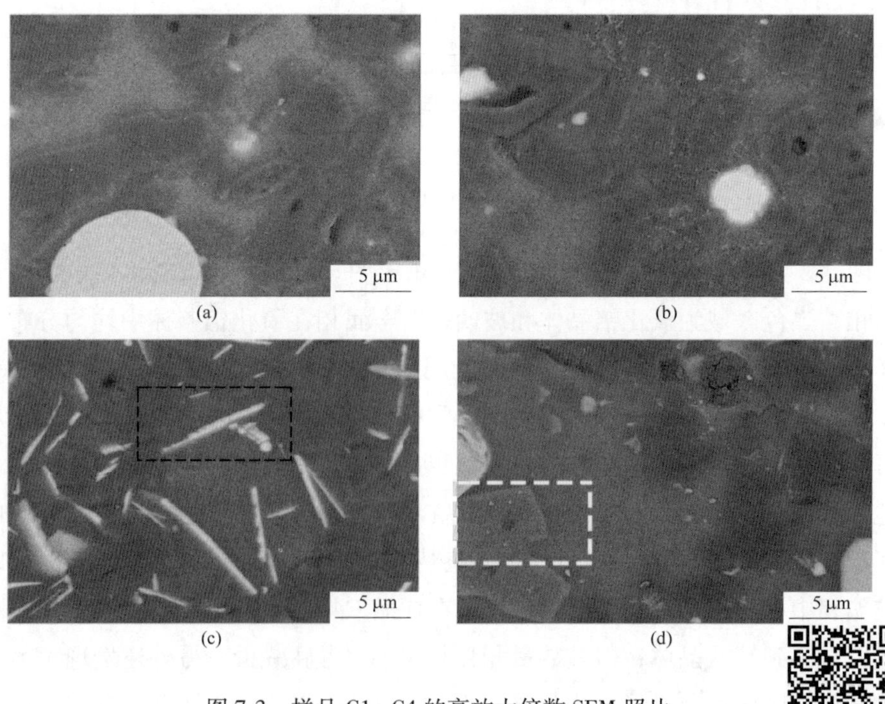

图 7-3　样品 C1～C4 的高放大倍数 SEM 照片
（a）C1；（b）C2；（c）C3；（d）C4

图 7-3 彩图

为了说明添加 CeO_2 对样品结构的影响，利用 EDS 和 EBSD 对样品进行了分析。图 7-4~图 7-6 为样品 C2、C3 和 C4 的 EDS 分析结果。样品 C2 中，由于没有发现与 Ce 元素相关的晶体，可以推断铈元素可能进入到玻璃相中，因此对玻璃相进行 EDS 点分析，如图 7-4（a）中 A 点所示。结果表明，玻璃相由 Si、O、Al、Fe、Ti 和 Ce 组成。另外对氧化铝晶体进行了 EDS 分析，如图 7-4（a）中 B 点所示，结果显示氧化铝晶体中并没有发现有 Ce 元素存在。因此，添加 1% CeO_2 的 C2 样品中，Ce 元素全部溶解在玻璃相中，并没有发现其对氧化铝晶体产生任何修饰作用。Zhang 等[147]发现在 CAMS 微晶玻璃中加入 CeO_2 时，部分 CeO_2 溶解在玻璃相中，这与本研究的结果相似。图 7-5 为样品 C3 中针状晶体的组成和结构，对针状晶体进行了 EDS 图谱分析。结果表明，晶体中主要含有 Ce 和 O 元素，但仅通过元素分布并不能确认该晶体为 Ce_2O_3。因此，利用 EBSD 对

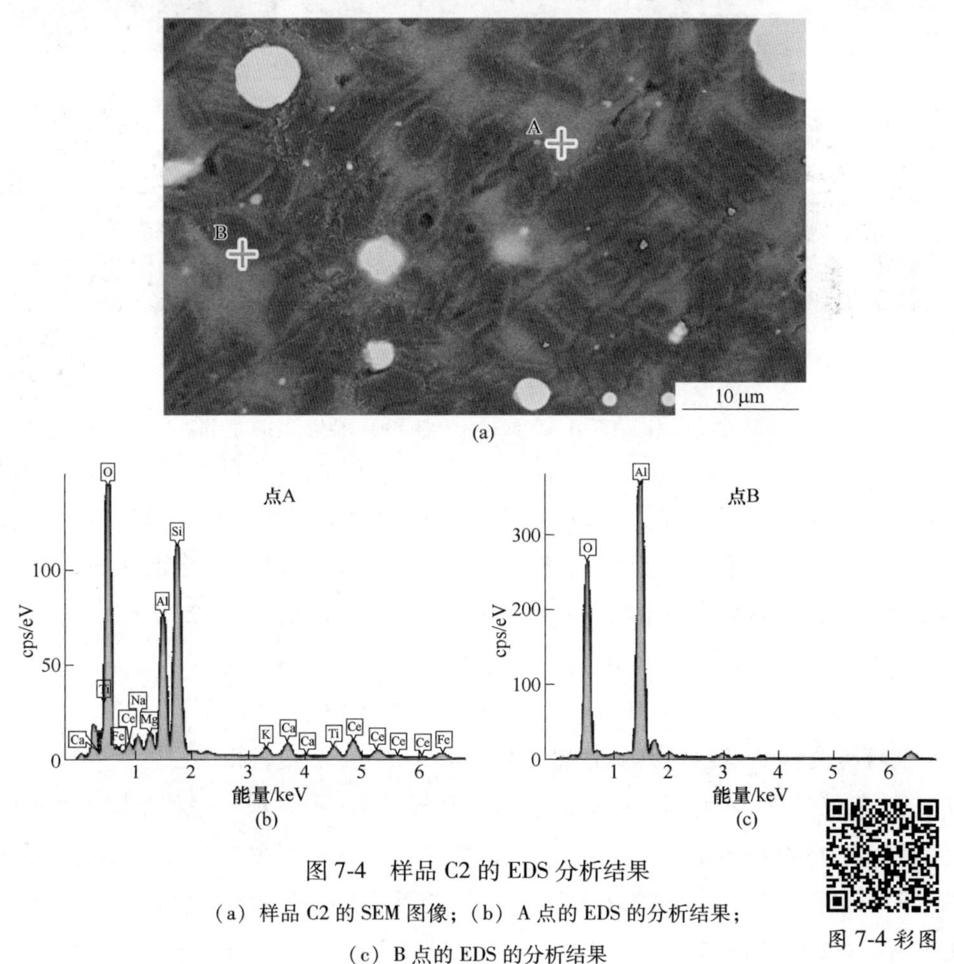

图 7-4 样品 C2 的 EDS 分析结果

（a）样品 C2 的 SEM 图像；（b）A 点的 EDS 的分析结果；（c）B 点的 EDS 的分析结果

图 7-4 彩图

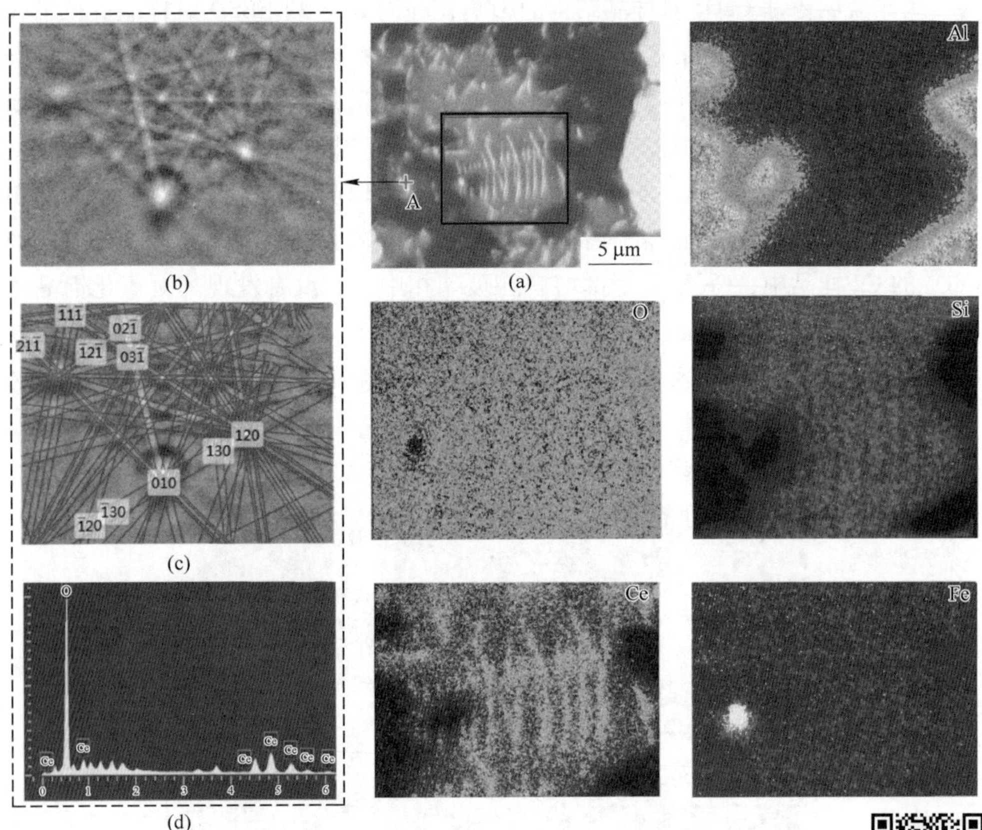

图 7-5　样品 C3 中针状晶体的晶体结构和元素组成

(a) SEM 照片；(b) EBSD 菊池线；(c) 标定的菊池线；(d) 能谱点分析

图 7-5 彩图

该晶体的结构进行了分析，如图 7-5 (b) ~ (d) 所示。分析表明，该针状晶体属于六方晶系，由于 CeO_2 为四方晶系，而 Ce_2O_3 为六方晶系，结合前文的 XRD 分析结果可以确定该针状晶体为 Ce_2O_3。这主要由于无法溶解于玻璃相中的 CeO_2 在还原性气氛中被还原为 Ce_2O_3，其反应如下：

$$2CeO_2 + C \Longrightarrow Ce_2O_3 + CO \tag{7-3}$$

图 7-6 为样品 C4 的 EDS 分析结果，其中 A 点为玻璃相，EDS 分析结果表明，C4 仍然是含 Ce 的 Si-Mg-Al 固溶体。在样品 C4 中发现了一种不同于氧化铝的晶体，EDS 结果显示其为含有 Ce、Al 和 O 的晶体，根据成分计算并结合前文的 XRD 分析结果，该晶体为 $CeAl_{11}O_{18}$。这与 Wu 等的研究结果相似[150]，在他们的研究中发现，加入 CeO_2 会与 Al_2O_3 发生反应，产物也是 $CeAl_{11}O_{18}$。

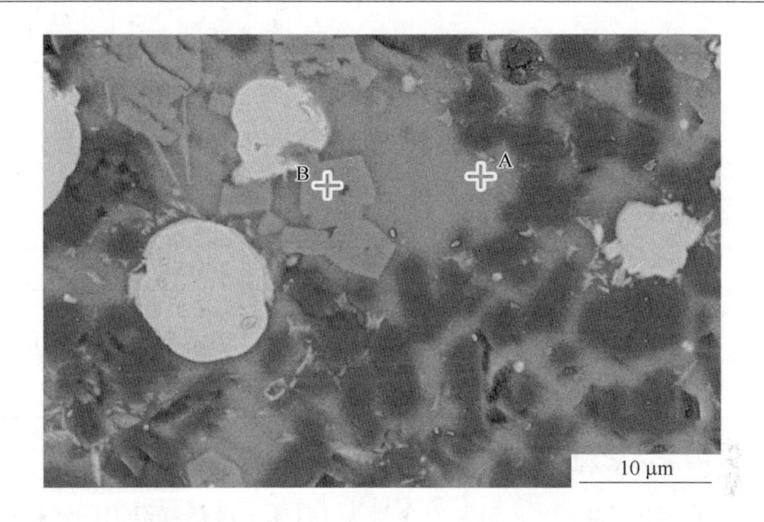

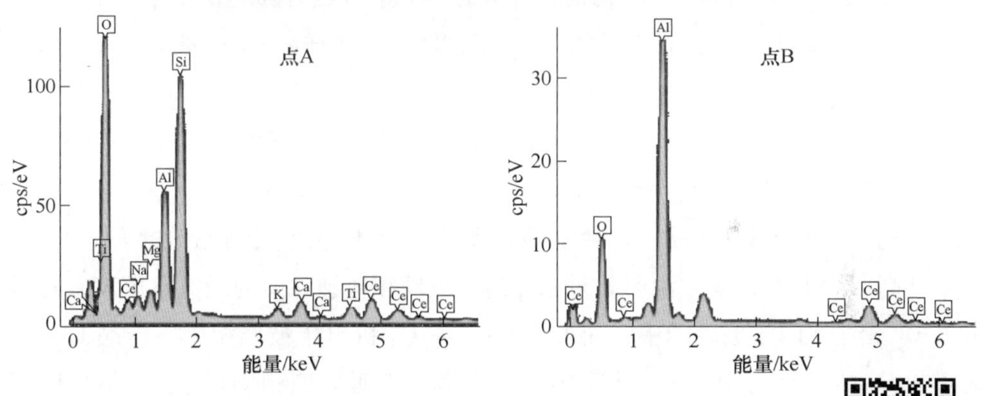

图 7-6 样品 C4 的 EDS 分析结果

图 7-6 彩图

通过以上分析可以看出，添加 CeO_2 有三个主要的作用。当 CeO_2 加入量为 1%时，全部的铈元素固溶于玻璃相中。当 CeO_2 的加入量增加到 3%时，部分铈元素会以 Ce_2O_3 的形式析出，并存在于玻璃相中。当 CeO_2 的加入量继续增加到 5%时，大量的 CeO_2 被还原为 Ce_2O_3，并与 Al_2O_3 反应形成了 $CeAl_{11}O_{18}$晶体。为进一步确定 CeO_2 对复合材料中玻璃相的影响规律，将样品 C1～C4 玻璃相的 EDS 分析数据列于表 7-2 中。

表 7-2 样品 C1～C4 玻璃相的化学成分分析 （质量分数,%）

元素	样品 C1	样品 C2	样品 C3	样品 C4
O	49.5	42.0	41.3	42.9
Si	19.7	20.8	19.3	19.1
Al	14.6	12.3	10.8	10.7

续表 7-2

元素	样品 C1	样品 C2	样品 C3	样品 C4
Ce	1.1	10.6	15.6	16.2
Fe	7.2	5.5	3.9	2.4
Ca	2.4	2.5	2.8	2.5
Na	1.7	1.5	1.5	1.4
Mg	1.7	1.5	1.9	1.1
K	1.1	1.4	1.4	1.1
Ti	1.0	1.9	1.5	2.6

从表 7-2 中可以看到，四组样品的玻璃结构几乎一致，均为 SiO_2-Al_2O_3-MgO-CaO 系玻璃。在 C1 样品中 Ce 元素的含量为 1.1%，虽然样品 C1 中未添加 CeO_2，但在白云鄂博矿中仍残留有少量的 Ce 元素，所以造成样品 C1 的玻璃相中含有一定量的 Ce 元素。样品 C2 中，添加 1%的 CeO_2 后，玻璃相中的 Ce 元素含量为 10.6%。通过前文材料设计可知，样品中玻璃相的含量为 10%左右，而添加 1%的 CeO_2 造成玻璃相中 Ce 含量为 10.6%。因此，可以估算添加 1%CeO_2 全部进入了玻璃相中。而在 C3 样品中，随着 CeO_2 添加量的增大，玻璃相中的 Ce 含量进一步升高，约为 15.6%，说明此时已经达到玻璃相对铈元素的最大溶解度，过量的 CeO_2 无法溶解于玻璃相中，而被还原为 Ce_2O_3 析出于玻璃相中。样品 C4 中，玻璃相 Ce 的含量为 16.2%，与样品 C3 相当，说明玻璃相中 Ce 含量不再随着 CeO_2 添加量的增大而增大，过量的 CeO_2 被还原后与 Al_2O_3 反应形成 $CeAl_{11}O_{18}$。

7.2.2　稀土添加对复合材料性能的影响

图 7-7 为复合材料样品 C1～C4 的密度变化曲线。密度呈现出先增大后减小的变化趋势，并在样品 C3 达到峰值。根据前文配料表以及矿物的化学成分，可计算得到制备的复合材料 Fe 质量分数为 39.8%，但本样品中所制备的复合材料含有约 10%的玻璃相，由于无法精确测得玻璃相的理论密度。因此，利用化学纯试剂制备的同等铁含量的复合材料，即 39.8%Fe-60.2%Al_2O_3 的复合材料的理论密度进行分析，通过计算可知，该复合材料的理论密度为 4.5 g/cm^3。按照此理论密度计算得到的样品 C1～C4 的相对密度分别为 91.1%、91.7%、93.5%和 93.1%。根据相关文献[151]，硅酸盐熔体的理论密度通常为 3.0 g/cm^3，该密度值小于 Al_2O_3 的密度（3.4 g/cm^3）。又由于样品中含有部分硅酸盐玻璃化相，因此样

品的相对密度必然大于上述的估算值。另外，密度的变化情况也表明随着 CeO_2 的加入样品的密度有所提高，说明适量的 CeO_2 有助于样品密度的提高，产生这种现象的主要原因是 CeO_2[152] 的加入降低了玻璃相的黏度，促进了样品的致密化。

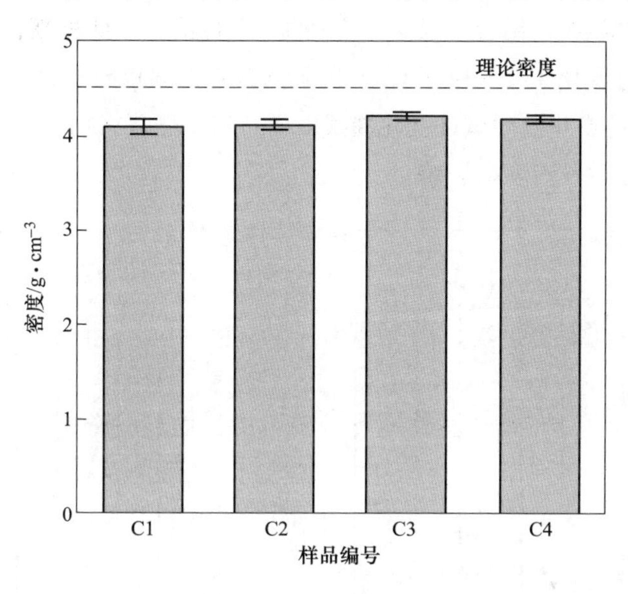

图 7-7 样品 C1~C4 的密度变化曲线

图 7-8 为样品加入 CeO_2 后的抗折强度曲线。从图中可以看出，抗折强度的

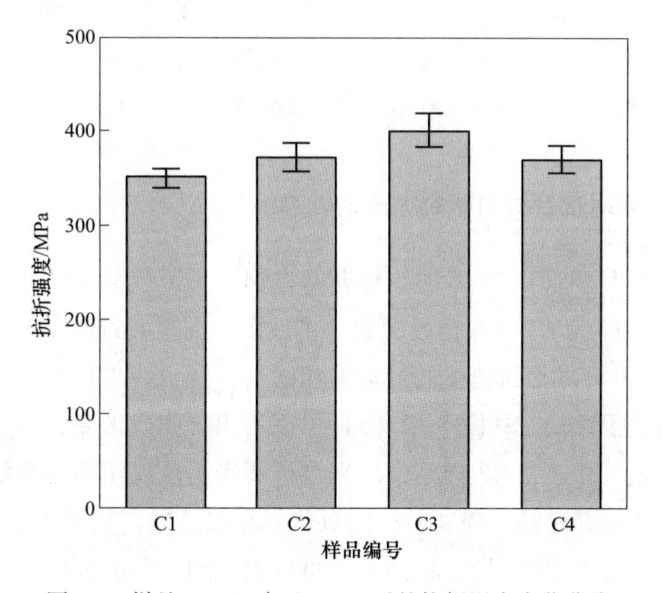

图 7-8 样品 C1~C4 加入 CeO_2 后的抗折强度变化曲线

变化趋势为先增大后减小，与密度的变化趋势几乎一致，并且在样品 C3 处达到峰值。图 7-9（a）和图 7-9（b）分别为复合材料试样的硬度和断裂韧性。硬度和断裂韧性均呈现先增后减的变化趋势，二者的最大值均出现在样品 C3 处。根据相组成和微观组织，结合样品 C1～C4 的力学性能。由此推断，复合材料的硬度和断裂韧性的变化主要是由于 CeO_2 的加入量对玻璃相的影响。图 7-10 为 C1～C4 样品的耐酸性变化及耐碱性变化曲线，样品间无显著影响，说明添加 CeO_2 对样品的化学稳定性没有显著影响。

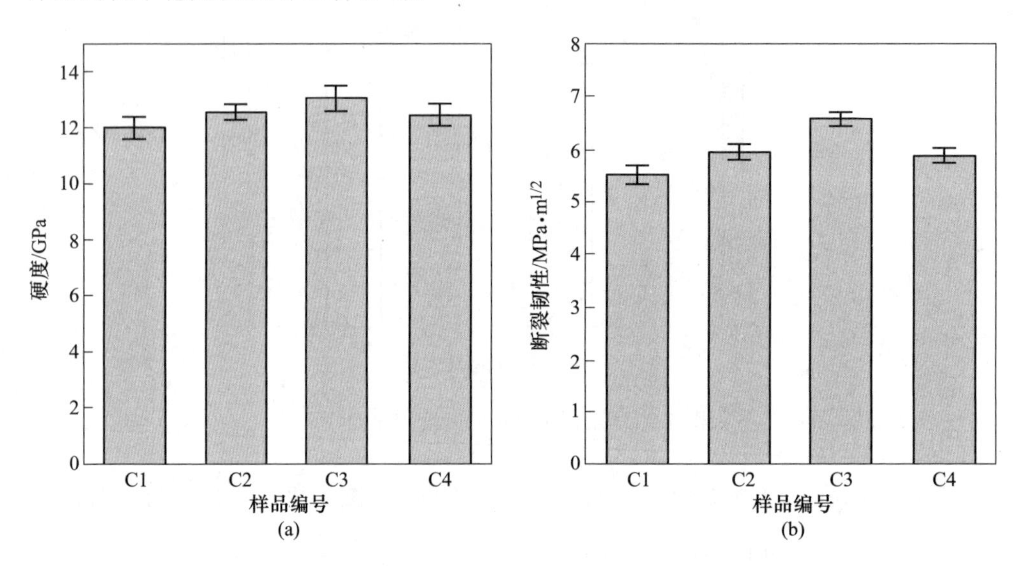

图 7-9　样品 C1～C4 硬度及断裂韧性的变化曲线

（a）硬度；（b）断裂韧性

7.2.3　稀土元素对复合材料断裂模式的影响

为了分析 CeO_2 的加入对玻璃相强度的影响，本书对复合材料的断裂方式进行了分析。图 7-11 为 C1～C4 样品的裂纹扩展图，图 7-12 为 C1～C4 样品的断口面。在 C1 样品中可以看到裂纹通过玻璃相扩展，这说明玻璃相的强度较低，这为裂纹扩展提供了路径。从图 7-12（a）可以看出，断口形貌较为光滑，说明断口主要发生在玻璃相。在 C2 样品中，裂纹扩展表明玻璃相不再是裂纹扩展的最佳路径，裂纹通过穿过某些强度较小的氧化铝晶粒扩展，如图 7-11（b）彩图中黄色矩形所示。另外，在图 7-12（b）中可以观察到一些晶体断裂留下的粗糙断口形貌。在 C3 样品中，断裂方式为晶界断裂和穿晶断裂的混合，如图 7-11（c）

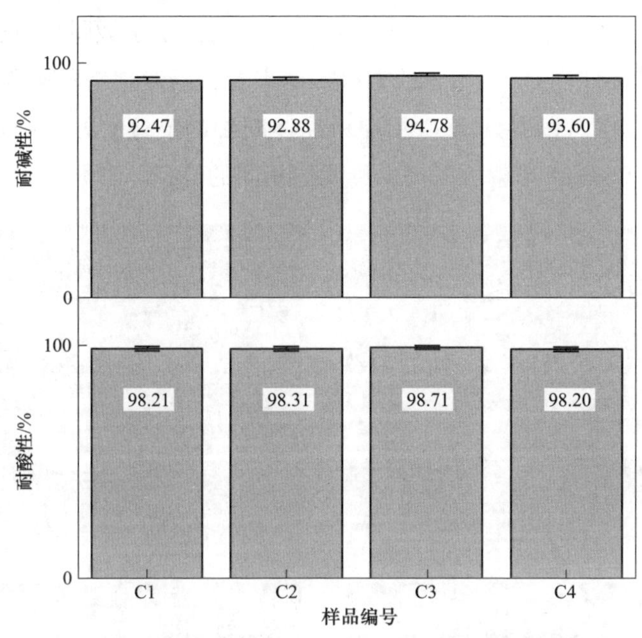

图 7-10 样品 C1~C4 耐酸性及耐碱性的变化曲线

图 7-11 样品 C1~C4 的裂纹扩展图

(a) C1; (b) C2; (c) C3; (d) C4

图 7-11 彩图

所示。因此，图 7-12（c）中 C3 试样的断口表面出现了大量的穿晶断裂。而在 C4 样品中，图 7-11（d）中所示的裂纹扩展来看，仍然是晶界断裂与穿晶断裂的混合模式，但其中可以看到有 $CeAl_{11}O_{18}$ 晶体断裂的痕迹，如图中点 A 所示。而在图 7-12（d）的断口形貌可以提供给我们相同的信息。

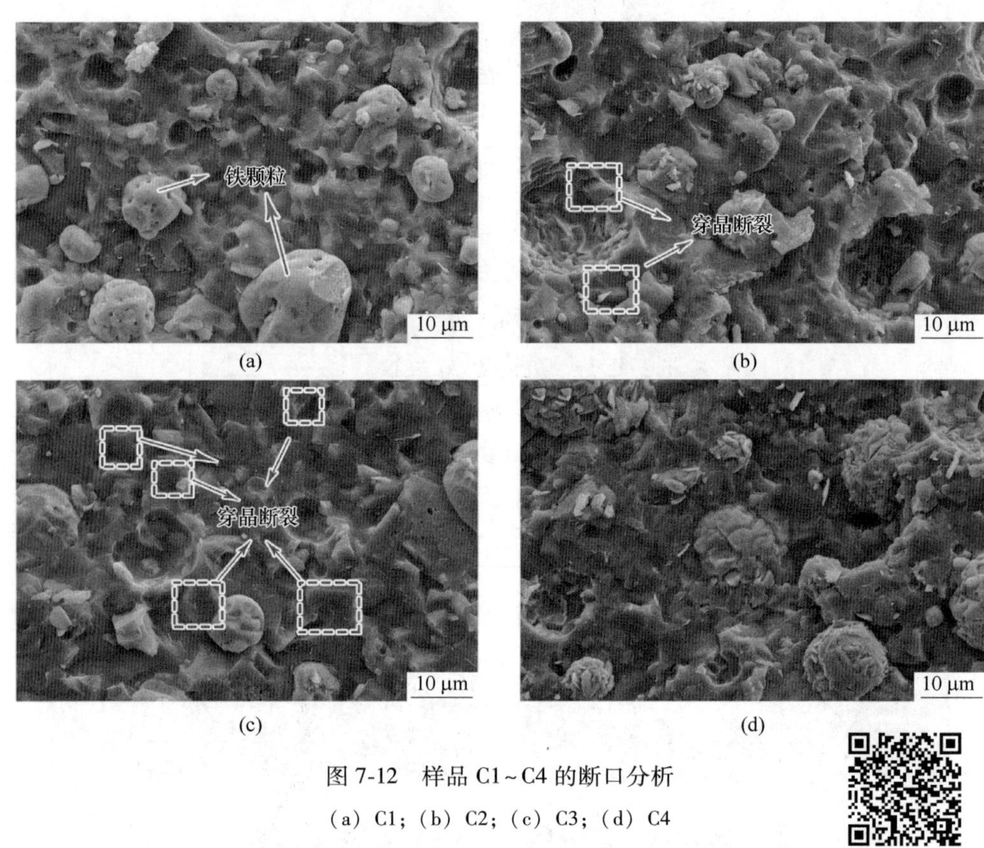

图 7-12　样品 C1～C4 的断口分析

（a）C1；（b）C2；（c）C3；（d）C4

图 7-12 彩图

7.2.4　稀土元素对复合材料性能的影响机理分析

图 7-13 为样品 C1 的 AFM 高度分析结果。样品 C1 的 AFM 形貌图如图 7-13（a）所示，3D 形貌图如图 7-13（b）所示。从图中可以看出，高的部分为氧化铝颗粒，低的部分为玻璃相。切片分析显示，两部分的高度差为 110～150 nm。说明机械抛光后样品表面存在一定的高差，产生这种现象的原因是氧化物晶粒与玻璃相的硬度和耐磨性不同。而这也证实了两相存在明显的性能差异。

图 7-14 中（a）～（d）分别为样品 C1～C4 的杨氏模量分布图。由图 7-14（a）可以看出，氧化铝晶体的杨氏模量明显高于玻璃相。切片分析结果显示，玻璃相

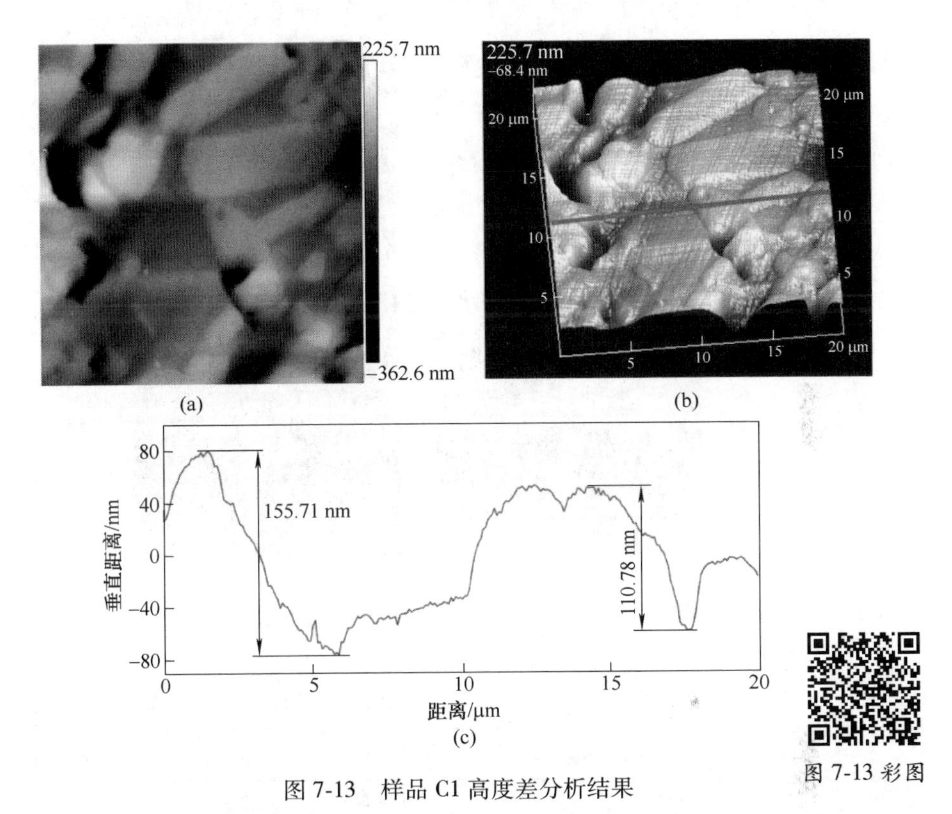

图 7-13　样品 C1 高度差分析结果

（a）AFM 形貌图；（b）AFM 的 3D 形貌图；（c）AFM 切片分析（切面如图 7-13（b）彩图中红色线条所示）

的杨氏模量为 40~60 GPa，而氧化铝的杨氏模量约为 240 GPa，如图中线段 1 和线段 2 所示。而对于 CeO_2 为 1%的 C2 样品，由于 CeO_2 在玻璃相中溶解，使得杨氏模量显著增加，为 100~120 GPa。在 C3 样品中，如图 7-14（c）所示，杨氏模量氧化铝晶体与 C2 样品相似，切片分析结果如线段 5 和线段 6 所示，可以看出玻璃相的杨氏模量进一步增加到约 120 GPa，这表明添加 1%CeO_2 并没有达到玻璃相对 Ce 元素的最大溶解度，继续添加 CeO_2，玻璃相的杨氏模量进一步提升，这与前文玻璃相中 Ce 元素的含量变化相一致。C4 样品出现了杨氏模量较低的 $CeAl_{11}O_{18}$ 晶粒，如图 7-14（d）所示，并且晶粒的杨氏模量仅为 120 GPa，远低于氧化铝晶体的杨氏模量。Ce_2O_3 与 Al_2O_3 发生如下反应：

$$Ce_2O_3 + 11Al_2O_3 = 2CeAl_{11}O_{18} \tag{7-4}$$

这便引起样品 C4 中大量的氧化铝晶体与 Ce_2O_3 反应生成低模量的 $CeAl_{11}O_{18}$，导致样品 C4 整体杨氏模量的下降，造成样品力学性能的降低。

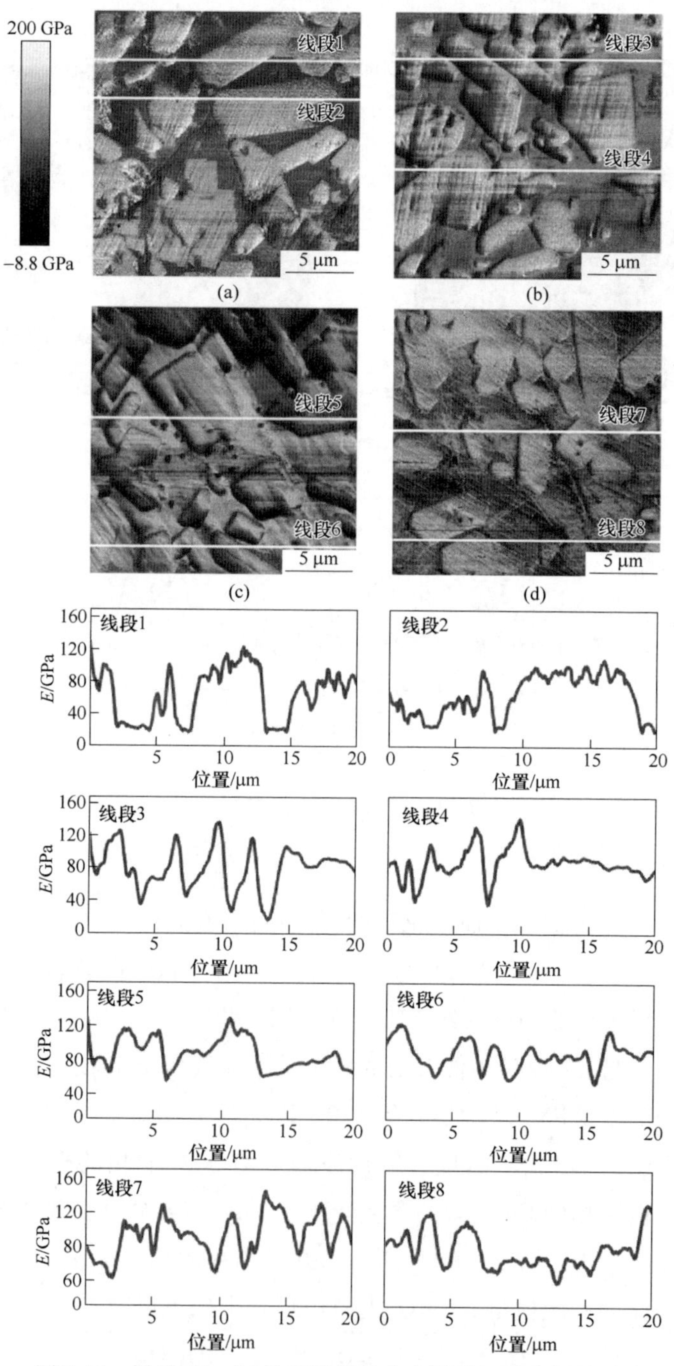

图 7-14 彩图

图 7-14　样品 C1～C4 的杨氏模量分布图及切片分析结果

(a) C1；(b) C2；(c) C3；(d) C4

线段 1～线段 8—分别为样品 C1～C4 中白线所示的切片分析结果

从以上样品的杨氏模量分析可以看出，1% CeO_2 的加入会溶解在玻璃相中，导致玻璃相的杨氏模量增加。但在 3% CeO_2 的样品中，复合材料玻璃相的杨氏模量进一步提升，而添加了 5% CeO_2 的样品中，玻璃相杨氏模量几乎没有任何变化，但观察到了杨氏模量较低的 $CeAl_{11}O_{18}$晶体。

由以上分析可以看出，CeO_2 的加入对复合材料的影响主要是其对玻璃相的影响。结果表明，CeO_2 可以提高材料玻璃相的杨氏模量。众所周知，杨氏模量是一种依赖于材料的物理性质，它间接地反映了化学键[153]的强度。同时，铝硅酸盐玻璃中离子的结构作用是由其尺寸和电荷决定的，它控制着键[154]的配位数和强度。实际上，这也与 RE^{3+} 是高场强离子[155]（CFS）有关。杨氏模量随稀土元素加入量的增加而增大，这是因为随着电场强度的增加，RE^{3+} 与周围结构单元之间的引力增大。有文献表明，场强较高的阳离子比场强较低的阳离子更能稳定非桥氧键（NBO），并且非桥氧键的含量也明显更高，从而改性剂阳离子有助于稳定玻璃网络[156]。Ruffle 等[157]认为更大的场强阳离子增加了结构刚度，进而增加杨氏模量。然而，C4 样品中的 $CeAl_{11}O_{18}$ 晶体的杨氏模量低于氧化铝。Chen 等[158]研究了 $LaAl_{11}O_{18}$的加入对 Al_2O_3 陶瓷结构和性能的影响，发现$LaAl_{11}O_{18}$的杨氏模量低于氧化铝。此外，还发现了随着复合材料中$LaAl_{11}O_{18}$添加量的增加，试样的杨氏模量和硬度呈下降趋势，与本研究相似。Naga 等[159]也发现 $CeAl_{11}O_{18}$ 的杨氏模量明显低于纯氧化铝。$CeAl_{11}O_{18}$的杨氏模量偏低的主要原因是其固有的低内聚强度[158]，这是由于间距大，键数少，成键弱的原子结构造成的。

从这一现象可以推断，在高温烧结过程中，添加的 CeO_2 溶解在玻璃相中，明显增强了玻璃相。玻璃相不再是裂纹扩展的最佳途径，它通过某些强度较低的氧化铝颗粒扩展。这与前面的杨氏模量分析是一致的，CeO_2 的加入增强了玻璃相的杨氏模量。杨氏模量的增加会增加材料的刚度和抗变形能力，从而提高材料的整体力学性能。

复合材料整体的杨氏模量取决于各组分的杨氏模量及其体积分数。一般情况下，复合材料的杨氏模量可通过式（7-5）估算：

$$E = \nu_1 E_1 + \nu_2 E_2 + \cdots + \nu_n E_n \tag{7-5}$$

式中 E——复合材料的杨氏模量；

ν_1，ν_2，ν_n——相 1、相 2 和相 n 的体积分数；

E_1，E_2，E_n——相 1、相 2 和相 n 的杨氏模量。

因此，随着 CeO_2 的加入，样品中玻璃相的杨氏模量增加会造成样品整体杨氏模量呈现增大趋势，但在样品 C4 中由于低模量的 $CeAl_{11}O_{18}$ 的形成，样品 C4 的杨氏模量降低。

一般情况下，多晶脆性陶瓷强度对孔隙率的依赖关系用经验公式表示[160,161]，见式（7-6）：

$$\sigma = \sigma_0 \frac{(1 - P)^{\frac{3}{2}}}{1 + 2.5P} \tag{7-6}$$

式中 σ，σ_0——气孔率分别为 P 和 0 时材料的强度。

在式（7-6）中，复合材料的强度与无气孔时的强度 σ_0 和材料的孔隙率 P 有关。对于 σ_0，假设导致复合材料断裂的裂纹尺寸为 C，根据 Griffith 理论，可以由式（7-7）计算得到[161,162]：

$$\sigma_0 = \sqrt{\frac{2\gamma_0 E_0}{\pi C}} \tag{7-7}$$

式中 E_0，γ_0——无气孔时材料的断裂表面能和杨氏模量。

以 C2 试样为例分析，试样的强度 σ 及无气孔强度 σ_0 可根据式（7-6）和式（7-7）计算得到，见式（7-8）和式（7-9）：

$$\sigma^{(2)} = \sigma_0^{(2)} \frac{(1 - P^{(2)})^{\frac{3}{2}}}{1 + 2.5P^{(2)}} \tag{7-8}$$

$$\sigma_0^{(2)} = \sqrt{\frac{2\gamma_0^{(2)} E_0^{(2)}}{\pi C}} \tag{7-9}$$

对于多孔陶瓷，在应力作用下断裂时的表面能与杨氏模量[160]成正比，见式（7-10）：

$$\gamma = a(1 - P)E \tag{7-10}$$

式中 γ——断裂时的表面能；

a——常数；

P——气孔率；

E——杨氏模量。

根据上述 AFM 分析结果，添加 1% CeO_2 可以提升复合材料中玻璃相的杨氏模量。这意味着式（7-9）中的 $E_0^{(2)}$、$\gamma_0^{(2)}$ 会增加，从而使样品 C2 中的 $\sigma_0^{(2)}$ 增加。由式（7-8）可知，$\sigma^{(2)}$ 的增加取决于 $\sigma_0^{(2)}$ 的增加或 $P^{(2)}$ 的降低。前文已经分析了样品密度的变化趋势及其原因，发现密度的增加主要是由于 CeO_2 的加入导致玻璃相密度的增加。这可以归因于铈离子[163]的高场强效应，Ce^{3+}属于高场强阳离子，从而产生吸引阴离子的有效力。因此，玻璃网络变得更紧凑，导致观察到的密度增加[164,165]。C2 样品中玻璃相致密化增大，根据式（7-11）可以确定样品的孔隙率 $P^{(2)}$[166]减小：

$$P = \left(1 - \frac{\rho}{\rho_0}\right) \times 100\% \tag{7-11}$$

式中 P——气孔率；

ρ——样品的密度；

ρ_0——样品的理论密度。

因此，通过以上分析可知，样品 C2 中的 $\sigma_0^{(2)}$ 增大，$P^{(2)}$减小，导致复合材料中玻璃相强度增大。同样，样品 C3 的玻璃相强度比样品 C2 进一步提高。至此我们可以得到一个结论，样品中玻璃相的强度随着 CeO_2 加入量的增加而增加。根据以上分析可知，CeO_2 对复合材料抗弯强度的提高主要存在两个方面，一是降低材料的孔隙率，二是提高玻璃相的强度。这是试样断裂形态发生转变的根本原因。

为了进一步研究硬度 H 与杨氏模量 E 的关系，可以用公式进行分析。Prasad 等[167]通过压痕曲线发现硬度 H 与杨氏模量 E 之间存在 E-H 关系，如式（7-12）~式（7-14）所示[168-170]：

$$\mathrm{H} = (2/3)\{1 + \ln[E\cos\theta/(3\sigma_y)]\}\sigma_y \tag{7-12}$$

式中 H——样品的硬度；

E——样品的杨氏模量；

σ_y——样品的强度；

θ——压头倾斜角度的一半。

$$\sigma_y = 0.12\tan^2(90° - \theta)(P/h^2) \tag{7-13}$$

式中 P——压头压力；

h——压痕深度。

$$h = \varepsilon \frac{P}{S} \tag{7-14}$$

式中 ε——常数；

S——样品的刚度。

根据式（7-12），可以发现硬度 H 取决于杨氏模量 E 和屈服应力 σ_y，随着杨氏模量 E 及 σ_y 的增大而增大。而式（7-13）表明，屈服应力 σ_y 取决于压痕深度 h。

式（7-14）显示，深度 h 主要取决于刚度，而刚度会随着杨氏模量的增加而增加。所以，样品的压痕深度随杨氏模量的增加而减小[168]，这意味着压痕深度 h 是试样杨氏模量的宏观表征，也就是屈服应力 σ_y 会随着杨氏模量 E 的增加而增加。因此，在式（7-12）中，杨氏模量 E 的直接增加和屈服应力 σ_y 的间接增加，其本质上都是试样杨氏模量的增加。因此，硬度 H 可以认为是杨氏模量 E 的递增函数。

在本研究中，CeO_2 的加入首先提高了玻璃相的杨氏模量。继续增加 CeO_2 的添加量，玻璃相的杨氏模量进一步增大，而过量添加 CeO_2 会造成 Ce_2O_3 与 Al_2O_3 反应形成 $CeAl_{11}O_{18}$ 晶体，降低复合材料整体的性能。C1～C4 样品硬度的差异主要是由于 CeO_2 对玻璃相杨氏模量的影响，图 7-15 为添加不同 CeO_2 对复合材料微观结构影响的示意图。

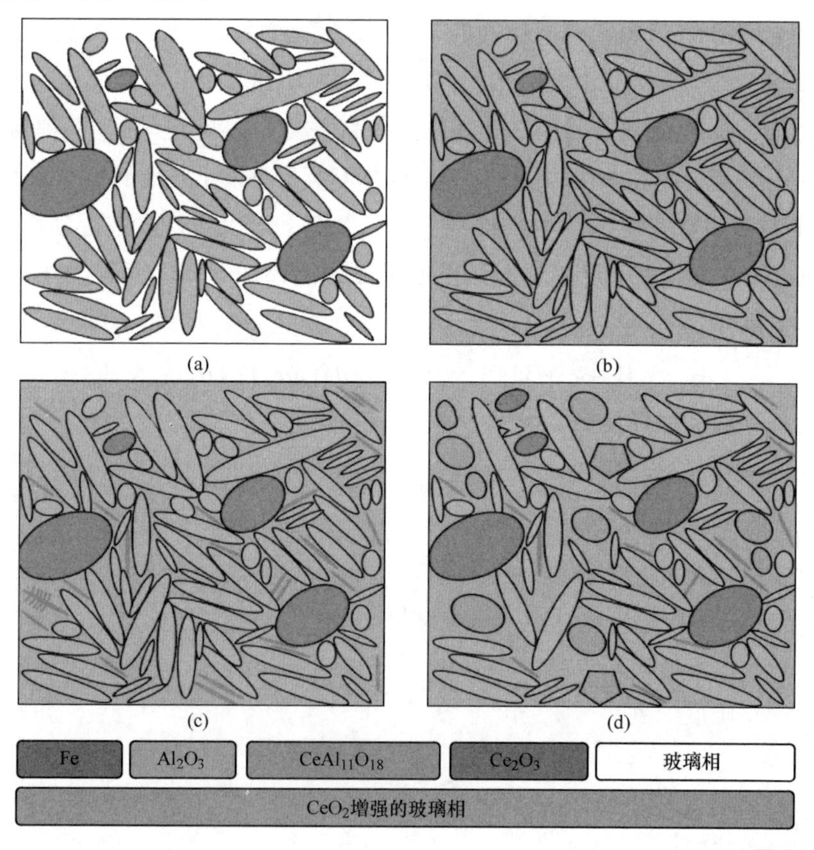

图 7-15　Fe-Al_2O_3 复合材料微观结构随 CeO_2 添加量变化的示意图
（a）0%CeO_2；（b）1%CeO_2；（c）3%CeO_2；（d）5%CeO_2

图 7-15 彩图

7.2.5 稀土资源利用分析

此外，通过上述 CeO_2 对复合材料微观结构和性能的研究，证实了稀土氧化物（REO）对矿物法制备的 $Fe\text{-}Al_2O_3$ 复合材料的力学性能有明显的改善作用，稀土的最佳添加量为3%。众所周知，白云鄂博矿物中天然含有稀土元素，并且这是世界上最大稀土资源，平均含量为6.2%。然而，目前稀土氧化物作为铁矿开采和加工作业的副产品，这将不可避免地导致稀土的浪费。例如，铁精矿中的稀土元素在后续的冶炼过程中无法得到充分利用，而是沉积在冶炼炉渣中。在白云鄂博不同矿点开采的矿产中，稀土的含量通常不同，磁选后铁精矿稀土矿物的含量也不同。白云鄂博矿不同矿床的稀土品位及低强度磁选后的稀土品位见表7-3。从表7-3中可以看出，铁精矿稀土品位在0.5%~5%之间，这与本研究中添加的稀土量基本一致。在此基础上，可以选择稀土品位为3%~5%的铁精矿作为原料直接制备复合材料。稀土资源可以作为天然添加剂来改善复合材料的性能。这样可以充分利用白云鄂博矿产在材料制备过程中的自然优势，充分利用稀土资源，避免资源的浪费。

表7-3 白云鄂博矿不同来源及磁选后的REO品位 （质量分数,%）

位置	稀土含量	磁选后稀土含量
东矿	6~9	3~5
西矿	3~5	1~2
巴润矿	2~3	约0.5

7.3 本 章 小 结

稀土作为白云鄂博矿中的特色元素，为了从理论上明晰稀土对 $Fe\text{-}Al_2O_3$ 复合材料的影响规律及主要机理，本研究采用了添加 CeO_2 的方式研究了不同添加量对 $Fe\text{-}Al_2O_3$ 复合材料的微观结构和力学性能的影响。从而为后期采用含稀土的白云鄂博矿物制备复合材料提供理论指导。从研究中可以得出以下结论：

（1）当 CeO_2 添加量为1%时，氧化铈全部溶解于玻璃相中。当 CeO_2 含量大于3%时，部分 CeO_2 继续固溶于玻璃相中，而无法溶解于玻璃相中的 CeO_2 以 Ce_2O_3 晶体的形式析出于玻璃相中。当 CeO_2 添加量为5%时，析出的 Ce_2O_3 与体

系中的 Al_2O_3 发生反应，形成了 $CeAl_{11}O_{18}$。

（2）以杨氏模量作为切入点，分析了 CeO_2 的添加对玻璃相及晶体杨氏模量的影响。发现 CeO_2 增强力学性能的主要机理是提高了复合材料中玻璃相的杨氏模量。通过分析，材料的硬度及强度与杨氏模量均呈正相关。当 CeO_2 添加量为1%时，CeO_2 全部溶解于玻璃相中，玻璃相的杨氏模量由未添加 CeO_2 的 40 GPa 左右增加至 100 GPa；当 CeO_2 添加量为 3%时，玻璃相的杨氏模量继续增大至 120 GPa 左右，进一步增强玻璃相的强度；而当 CeO_2 添加量为 5%时，析出的 Ce_2O_3 与 Al_2O_3 生成 $CeAl_{11}O_{18}$，该晶体杨氏模量较低，降低了复合材料整体的杨氏模量，进而造成整体的力学性能降低。

（3）随着 CeO_2 添加量的增加，其力学性能先提高后降低。CeO_2 加入量为3%时，复合材料的整体性能最优，具体性能如下：密度为 4.21 g/cm^3，断裂韧性为 6.58 $MPa \cdot m^{1/2}$，抗弯强度为 401 MPa，硬度为 13.07 GPa，耐碱性为 98.71%，耐酸性为 94.78%。

8 结论与展望

8.1 结　论

本书采用白云鄂博铁精矿及铝土矿为主要原料，氧化铝为添加剂，活性炭为还原剂，采用碳热还原的方式原位合成 $Fe-Al_2O_3$ 复合材料，探索低成本，高附加值矿物利用的新思路。

（1）计算结果显示铁氧化物的还原为逐步脱氧过程，即由 Fe_2O_3-Fe_3O_4-FeO-Fe 的还原过程，首先是 Fe_2O_3 还原发生在 650 ℃左右，还原产物为 Fe_3O_4；温度升高至 760 ℃以上时，样品中残余 Fe_2O_3 开始还原，反应产物为 FeO；温度升高至 900 ℃以上，Fe_3O_4 的还原开始，产物为 FeO；其中，由于有 SiO_2 和 Al_2O_3 的存在，体系中反应得到的 FeO 会与 SiO_2 或 Al_2O_3 反应生成 Fe_2SiO_4 或者 $FeAl_2O_4$。温度升高至 1030 ℃左右，Fe_2SiO_4 的还原反应开始，产物为 Fe 和 SiO_2。温度升高至 1100 ℃以上，$FeAl_2O_4$ 被分解并还原，产物为 Fe 和 Al_2O_3。对于体系中的非铁氧化物杂质，计算发现 MnO_2 的还原在较低温度下便可以发生，但可能由于体系中的 MnO_2 的含量较低造成 XRD 中并未检测到 Mn 相关衍射峰的存在。而其他 SiO_2、TiO_2 等在该条件下均与活性炭不发生反应。

（2）利用白云鄂博铁精矿、氧化铝及活性炭为主要原料，成功制备了 $Fe-Al_2O_3$ 复合材料。该复合材料以氧化铝为基体，铁为增强相，以颗粒状均匀分布于氧化铝基体中，在金属颗粒与氧化铝的相界面处及氧化铝的晶界处有少量玻璃相存在。配碳量的增加会造成金属颗粒的熔点下降，进一步促进复合材料的烧结致密化，提升材料的性能。较低的烧结温度不利于材料的致密化，而较高的温度则容易出现样品的膨胀过烧，最佳的烧结温度为 1400 ℃。获得最佳的复合材料的性能：密度为 4.14 g/cm^3，线性收缩率为 18.74%，抗折强度为（301±8）MPa，硬度为（13.12±0.29）GPa，耐碱性为 98.20%，耐酸性为 93.40%。金属相以颗粒状存在于氧化铝基体中，通过对裂纹拓展的观察发现主要通过两方面的机制增强复合材料：一是裂纹在遇到金属颗粒时，发生明显的偏转，从而增加裂纹拓展的路径，增加吸收的能量；二是通过裂纹的桥接，当裂纹遇到金属颗粒时，裂纹被迫穿过金属颗粒继续向前延伸，而裂纹中间则是由金属颗粒发生塑性变形而桥接。矿物中的硫元素及锰元素会在高配碳量时以 MnS 析出于金属相周围，具有阻碍裂纹拓展的作用。

（3）利用铝土矿代替部分氧化铝实验中，微观结构及性能显示，最佳的制备工艺条件为还原温度 1160 ℃、烧结温度 1380 ℃。该工艺条件下，样品 B3 表现出最佳的性能，具体为：抗折强度可达 310 MPa，断裂韧性为 5.21 MPa · $m^{1/2}$，硬度达到 12.14 GPa，耐碱性为 98.32%，耐酸性为 95.44%。随着原料中铝土矿含量的增加，样品在烧结过程中硅酸盐液相的含量增加。由于该液相的热容大于氧化铝晶体的热容。因此，随着铝土矿含量的增加，样品中金属液滴冷却过程中冷却速度较慢，造成金属液滴的过冷度降低，金属颗粒凝固后的热应力降低，内部的位错密度降低。而过冷度较大的样品金属颗粒内部有大量晶界及位错，影响其在受力过程中的塑性变形。利用 EBSD 分析样品压痕中发现，在样品受力的过程中，B3 样品的金属颗粒可以发生明显的塑性变形吸收更多的能量，从而提升样品的力学性能。

（4）在 CeO_2 的添加实验中，当 CeO_2 添加量为 1%时，氧化铈全部溶解于玻璃相中。当 CeO_2 含量大于 3%时，部分 CeO_2 继续固溶于玻璃相中，而无法溶解于玻璃相中的 CeO_2 以 Ce_2O_3 晶体的形式析出于玻璃相中。当 CeO_2 添加量为 5%时，析出的 Ce_2O_3 与体系中的 Al_2O_3 发生反应，形成了 $CeAl_{11}O_{18}$。以杨氏模量作为切入点，发现 CeO_2 增强力学性能的主要机理是提高了复合材料中玻璃相的杨氏模量。通过分析，材料的硬度及强度与杨氏模量均呈正相关。当 CeO_2 添加量为 1%时，CeO_2 全部溶解于玻璃相中，玻璃相的杨氏模量由添加 CeO_2 的 40 GPa 左右增加至 100 GPa；当 CeO_2 添加量为 3%时，玻璃相的杨氏模量继续增大至 120 GPa 左右，进一步增强玻璃相的强度；而当 CeO_2 添加量为 5%时，析出的 Ce_2O_3 与 Al_2O_3 生成 $CeAl_{11}O_{18}$，该晶体杨氏模量较低，降低了复合材料整体的杨氏模量，进而造成整体的力学性能降低。随着 CeO_2 添加量的增加，其力学性能先提高后降低。CeO_2 加入量为 3%时，复合材料的整体性能最优，具体性能如下：密度为 4.21 g/cm^3，断裂韧性为 6.58 MPa · $m^{1/2}$，抗弯强度为 401 MPa，硬度为 13.07 GPa，耐碱性为 98.71%，耐酸性为 94.78%。

8.2 展　　望

本书研究了利用白云鄂博矿、铝土矿原位合成 Fe-Al_2O_3 复合材料的还原过程、制备工艺和微量元素的作用。针对矿物中含有的 SiO_2、MgO、CaO 等杂质元素，通过改变不同的烧结制度，得到一套可行的工艺条件，并且复合材料具有一定优良的力学性能及耐酸碱性能，可以为实际生产提供一定的理论指导，但仍然有许多工作有待完善，主要有以下几个问题：

（1）对含有稀土的铁精矿制备 Fe-Al_2O_3 的还原过程、烧结过程及稀土元素的赋存形式有待进一步研究。

（2）是否可以通过添加某些金属元素或氧化物以及改变工艺条件的方式改善金属相与基体相的结合强度。

（3）目前，金属颗粒以 2~15 μm 的颗粒分布于陶瓷基体中，可通过对还原过程以及制备工艺的优化，改善金属颗粒的形态及分布方式，以进一步提升复合材料的力学性能。

8.3 主要创新点

本书主要创新点如下：

（1）突破传统的矿物选矿+冶金的利用方式，首次以天然矿物作为主要原料，采用还原、烧结为一体的方式直接制备了高性能的 Fe-Al_2O_3 复合材料，为白云鄂博矿物的资源化利用提供了新的思路。

（2）探讨了白云鄂博矿物中的硫元素、锰元素、稀土元素及矿物中共有的 SiO_2、CaO 等氧化物在材料制备过程中对力学性能起到的积极作用。

（3）相比于化学纯试剂制备的 Fe-Al_2O_3 复合材料，采用天然矿物的工艺流程简单，力学性能优良。

参 考 文 献

[1] LI S, ZOU X, LU X, et al. Direct electrosynthesis of Fe-TiC composite from natural ilmenite in molten calcium chloride [J]. Journal of the Electrochemical Society, 2017, 164 (9): D533-D542.

[2] REN B, SANG S, LI Y, et al. Correlation of pore structure and alkali vapor attack resistance of bauxite-SiC composite refractories [J]. Ceramics International, 2015, 41 (10), 14674-14683.

[3] 马黎，吴贤熙，张军伟，等．赤泥与低品位铝土矿制取 Al-Si 合金的研究 [J]．应用化工，2009，38 (1)：41-43.

[4] XU H Q, WANG Z, WU J Y, et al. Mechanical properties and microstructure of Ti/Al_2O_3 composites with Pr_6O_{11} addition by hot pressing sintering [J]. Materials and Design, 2016, 101: 1-6.

[5] YU M X, ZHANG J X, LI X G, et al. Optimization of the tape casting process for development of high performance alumina ceramics [J]. Ceramics International, 2015, 41 (10): 14845-14853.

[6] MARMIER A, LOZOVOI A, FINNIS M W. The α-alumina (0001) surface: relaxations and dynamics from shell model and density functional theory [J]. Journal of the European Ceramic Society, 2003, 23 (15): 2729-2735.

[7] HIRVIKORPI T, VAHA-NISSI M, NIKKOLA J, et al. Thin Al_2O_3 barrier coatings onto temperature-sensitive packaging materials by atomic layer deposition [J]. Surface and Coatings Technology, 2011, 205 (21): 5088-5092.

[8] BRONISZEWSKI K, WOZNIAK J, KOSTECKI M, et al. Al_2O_3-V cutting tools for machining hardened stainless steel [J]. Ceramics International, 2015, 41 (10): 14190-14196.

[9] DEHM G, SCHEU C, RUHLE M, et al. Growth and structure of internal Cu/Al_2O_3 and Cu/Ti/Al_2O_3 interfaces [J]. Acta Materialia, 1998, 46 (3): 759-772.

[10] SUN J L, LIU C X, ZHANG X H, et al. Effect of diopside addition on sintering and mechanical properties of alumina [J]. Ceramics International, 2009, 35 (4): 1321-1325.

[11] ZHANG X F, LI Y C. On the comparison of the ballistic performance of 10% zirconia toughened alumina and 95% alumina ceramic target [J]. Materials and Design, 2010, 31 (4): 1945-1952.

[12] PILLAI S K C, BARON B, POMEROY M J, et al. Effect of oxide dopants on densification, microstructure and mechanical properties of alumina-silicon carbide nanocomposite ceramics

prepared by pressureless sintering [J]. Journal of the European Ceramic Society, 2004, 24 (12): 3317-3326.

[13] ZHANG W, SMITH J R, EVANS A G. The connection between ab initio calculations and interface adhesion measurements on metal/oxide system: Ni/Al_2O_3 and Cu/Al_2O_3 [J]. Acta Materialia, 2002, 50 (15): 3803-3816.

[14] PETTERSSON P, JOHNESSON M. Thermal shock properties of alumina reinforce with Ti (C, N) whiskers [J]. Journal of the European Ceramic Society, 2003, 23 (2): 309-313.

[15] CANNON R M, KORN D, ELSSNER G, et al. Fracture properties of interfacially doped Nb-Al_2O_3 bicrystals: Ⅱ, relation of interfacial bonding, chemistry and local plasticity [J]. Acta Materialia, 2002, 50 (15): 3903-3925.

[16] IRSHAD H M, HAKEEM A S, AHMED B A, et al. Effect of Ni content and Al_2O_3 particle size on the thermal and mechanical properties of Al_2O_3/Ni composites prepared by spark plasma sintering [J]. International Journal of Refractory Metals and Hard Materials, 2018, 76: 25-32.

[17] SHON I J, WANG H J, CHO S W, et al. Mechanical synthesis and rapid consolidation of nanocrystalline TiAl-Al_2O_3 composites by high frequency induction heated sintering [J]. Materials Characterization, 2010, 61 (3): 277-282.

[18] SHON I J. Rapid consolidation of nanostructured Mo-Al_2O_3 composite from mechanically synthesized powders [J]. Ceramics International, 2017, 44 (2): 2587-2592.

[19] WU C, LI Y K, WANG Z. Evolution and mechanism of crack propagation method of interface in laminated Ti/Al_2O_3 composite [J]. Journal of Alloys and Compounds, 2016: 665: 37-41.

[20] HU H Q, WANG Z, WU J Y, et al. Effects of Pr_6O_{11} on the microstructure and mechanical properties of Ti/Al_2O_3 composites prepared by pressureless sintering [J]. Ceramics International, 2017, 43 (3): 3448-3452.

[21] 张博. Cr-W-Mo-Al_2O_3 金属陶瓷的制备及其组织、力学性能研究 [D]. 长沙: 中南大学, 2014.

[22] BURDEN S J, HONG J, RUE J W, et al. Comparison of hot-Isostatically-pressed and uniaxially hot-pressed alumina-titanium-carbide cutting tools [J]. Ceramic Bulletin, 1998, 67 (6): 1003-1005.

[23] KHOSHHAL R, SOLTANIEH M, BOUTORABI M A. The effect of Fe_2Al_5 as reducing agent in intermediate steps of Al_2O_3/TiC-Fe composite production process [J]. International Journal of Refractory Metals and Hard Materials, 2015, 52: 17-20.

[24] KHOSHHAL R, SOLTANIEH M, BOUTORABI M A. Investigation on the reactions sequence between synthesized ilmenite and aluminum [J]. Journal of Alloys and Compounds, 2015,

628：113-120.

［25］程建忠，候运炳，车丽萍．白云鄂博矿床稀土资源合理开发及综合利用［J］．稀土，2007，28（1）：70-74.

［26］林东鲁，李春龙，邬虎林．白云鄂博特殊矿采选冶工艺攻关与技术进步［M］．北京：冶金工业出版社，2007.

［27］李春龙，李小钢，徐广尧．白云鄂博共伴生矿资源综合利用技术开发与产业化［J］．稀土，2015，36（5）：151-158.

［28］王秋林，陆小苏，彭泽友，等．高磷鲕状赤铁矿焙烧-磁选-反浮选试验研究［J］．湖南有色金属，2009，25（4）：19-22.

［29］李艳军，袁帅，刘杰，等．湖北某高磷鲕状赤铁矿磁化焙烧-磁选-反浮选试验研究［J］．矿冶，2015，24（1）：1-5.

［30］余永富，王彩辉，李养正．从包头铁矿石还原焙烧磁选尾矿中浮选回收稀土矿物［J］．矿冶工程，1984，4（4）：29-33.

［31］吴文远．稀土冶金学［M］．北京：化学工业出版社，2005.

［32］北京矿冶研究院选矿研究室一组．包头白云鄂博矿反浮选-选择性絮凝脱泥选铁新工艺的研究［J］．金属矿山，1979（2）：39-44.

［33］北京矿冶研究院选矿研究室一组．白云鄂博矿反浮选-选择性絮凝脱泥选铁新工艺连续试验成功［J］．有色金属（选矿部分），1979（2）：62-63.

［34］余永富，解世仁，李养正．白云鄂博氧化铁矿弱磁-强磁-浮选综合回收铁、稀土工业分流实验［J］．金属矿山，1988（10）：35-38.

［35］余永富，陈泉源．白云鄂博中贫氧化矿弱磁-强磁-浮选联合流程［J］．矿冶工程，1992，12（1）：58-61.

［36］王维兴．中国炼铁技术发展评述［J］．河南冶金，2008，16（4）：4-9.

［37］陈春元．包钢炼铁近20年科技发展综述［J］．包钢科技，2004，30（6）：1-4.

［38］张长鑫，张新．稀土冶金原理与工艺［M］．北京：冶金工业出版社，1995.

［39］石富．稀土冶金［M］．呼和浩特：内蒙古大学出版社，1994.

［40］袁茂林．稀土火法冶炼工艺学［M］．北京：中国有色金属工业总公司，1986.

［41］赵庆杰，储满生．电炉炼钢原料及直接还原铁生产技术［J］．中国冶金，2010，20（4）：23-28.

［42］储满生，赵庆杰，王兆才，等．我国非高炉炼铁发展新热潮的浅析［J］．中国废钢铁，2009（4）：8-15.

［43］冯燕波，曹维成，杨双平，等．中国直接还原技术的发展现状及展望［J］．中国冶金，2006，16（5）：10-13.

［44］王伟丽．低品位高磷铁矿煤基直接还原基础研究［D］．重庆：重庆大学，2007.

[45] SAWA Y, YAMAMOTO T, TAKEDA K, et al. New coal-based process to produce high quality DRI for the EAF [J]. ISJI International, 2001, 41 (S): 17-21.

[46] NARCIN N, AYDIN S, SESEN K, et al. Reduction of iron ore pellets with domestic lignite coal in a rotary tube furnace [J]. International Journal of Miner Process, 1995, 43 (S): 49-59.

[47] KHOSA J, MANUEL J. Predicting granulating behavior of iron ores based on size distribution and composition [J]. ISJI International, 2007, 47 (7): 965-972.

[48] 杨佳，李奎，汤爱涛，等．钛铁矿资源综合利用现状［J］．材料导报，2003，17（8）：44-46.

[49] 邓君，薛逊，刘功国．攀钢钒钛磁铁矿资源综合利用现状与发展［J］．材料与冶金学报，2007，6（2）：83-86.

[50] 李奎，潘复生．TiC，TiN，Ti(C,N) 粉末制备技术的现状及发展［J］．重庆大学学报：自然科学版，2002，25（6）：135-138.

[51] KHOSHHAL R, SOLTANIEH M, BOUTORABI M. Formation mechanism and synthesis of Fe-TiC/Al_2O_3 composite by ilmenite, aluminum and graphite [J]. International Journal of Refractory Metals and Hard Materials, 2014, 45: 53-57.

[52] LI S S, ZOU X L, LU X G, et al. Direct Electrosynthesis of Fe-TiC Composite from Natural Ilmenite in Molten Calcium Chloride [J]. Journal of the Electrochemical Society, 2017, 164 (9): D533-D542.

[53] 苟海鹏．攀枝花钛铁矿碳热还原过程中碳化钛、碳氮化钛生成机理及其复合材料研究［D］．北京：北京科技大学，2017.

[54] WELHAM N, WILLIAMS J. Carbothermic reduction of ilmenite($FeTiO_3$) and futile (TiO_2)[J]. Metallurgical and Materials Transactions B, 1999, 30 (6): 1075-1081.

[55] 赵子鹏．低成本制备 Al_2O_3-TiCN-Fe 复合材料的工艺研究［D］．重庆：重庆大学，2013.

[56] 吴一．天然钛铁矿碳热、铝热原位合成金属基复合陶瓷的研究［D］．南昌：南昌大学，2005.

[57] 戚大光，任锁堂．炭热还原铝土矿的研究［J］．化工冶金，1989，10（4）：1-9.

[58] YANG D, FENG N X, WANG Y W, et al. Preparation of primary Al-Si alloy from bauxite tailings by carbothermal reduction process [J]. Transactions of Nonferrous Metals Society of China, 2010, 20 (1): 147-152.

[59] 李生．矾土基 Fe-Al/Al_2O_3 复相陶瓷制备工艺的研究［D］．郑州：河南工业大学，2011.

[60] ZHANG H, HAN B, LIU Z. Preparation and oxidation of bauxite-based β-Sialon-bonded SiC composite [J]. Materials Research Bulletin, 2006, 41 (9): 1681-1689.

[61] 陈蓓，丁培道，周泽华．纤维增强铝硅质耐火材料的抗热震机理［J］．耐火材料，2001，

35 (6): 323-325.

[62] LAVASTE V, BERGER M H, BUNSELL A R. Micro-structure and mechanical characteristics of alpha-alumina based fiber [J]. Journal of Materials Science, 1995 (30): 4215-4236.

[63] 张立同，成来飞．连续纤维增韧陶瓷基复合材料可储蓄发展战略探讨 [J]. 复合材料学报，2007，24 (2): 1-6.

[64] 穆柏春．陶瓷材料的强韧化 [M]. 北京：冶金工业出版社，2002.

[65] 郝春成，崔作林，尹衍升，等．颗粒增韧陶瓷的研究进展 [J]. 材料导报，2002，16 (1): 73-76.

[66] 储爱民，王志谦，张德智，等．Al_2O_3 基陶瓷材料增韧的研究进展 [J]. 材料导报，2017，31 (5): 363-367.

[67] OH S T, TOHRU S K N. Fabrication and mechanical properties of 5% copper dispersed alumina-nanocomposite [J]. Journal of the European Ceramic Society, 1998, 18 (1): 31-37.

[68] THOMSON K E, JIANG D, YAO W. Characterization and mechanical testing of alumina-based nanocomposites reinforced with niobium and/or carbon nanotubes fabricated by spark plasma sintering [J]. Acta Materialia, 2012, 60 (2): 622-632.

[69] LEE Y I, LEE J T, CHOA Y H. Effects of Fe-Ni alloy nanoparticles on the mechanical properties and microstructures of Al_2O_3/Fe-Ni nanocomposites prepared by rapid sintering [J]. Ceramics International, 2012, 5 (38): 4305-4312.

[70] ASHBU M F, BLUNT F J, BANNISTER M. Flow characteristics of highly constrained metal wires [J]. Acta Metallurgica, 1989, 37 (7): 1847-1857.

[71] 李国军．纳米 NiO 粉体和 Al_2O_3/Ni 金属陶瓷的制备与研究 [D]. 上海：中科院上海硅酸盐研究所，2001.

[72] MARSHALL D B, MORRIS W L. Toughening mechanisms in cemented carbides [J]. Journal of the American Ceramic Society, 1990, 73 (10): 2938-2943.

[73] 高濂，靳喜海，郑珊．纳米复相陶瓷 [M]. 北京：化学工业出版社，2003: 105-106.

[74] 张巨先，高陇桥．纳米粉添加剂对 Al_2O_3 陶瓷烧结性能及微结构的影响 [J]. 真空电子技术，2000，29 (6): 36-39.

[75] LI Q T, LEI Y P, FU H G. Laser cladding in-situ NbC particle reinforced Fe-based composite coatings with rare earth oxide addition [J]. Surface and Coatings Technology, 2014, 239: 102-107.

[76] 李国军，黄校先，郭景坤．晶内/晶间复合型 Al_2O_3/Ni 纳米金属陶瓷纤维结构和力学性能的研究 [J]. 无机材料学报，2003，18 (1): 71-77.

[77] XU J, ZHUO C, HAN D, et al. Erosion-corrosion behavior of nano-particle-reinforced Ni

matrix composite alloying layer by dulex surface treatment in aqueous slurry environment [J]. Corrosion Science, 2009, 51 (5): 1055-1068.

[78] FAN J, ZHAO D, WU M, et al. Prepartion and microstructure of multi-wall carbon nanotubes-toughened Al_2O_3 composite [J]. Journal of the American Ceramic Society, 2010, 89 (2): 750-753.

[79] HASSAN M A, MAHMOODIAN R, HAMDI M. Modified smoothed particle hydrodynamics (MSPH) for the analysis of centrifugally assisted TiC-Fe-Al_2O_3 combustion synthesis [J]. Scientific Reports, 2014, 3: 3724.

[80] 左杨. Fe-Al_2O_3 金属陶瓷选择性还原制备工艺研究 [D]. 济南：山东大学，2009.

[81] SAOUMA V E, CHANG S Y, SBAIZERO O. Numerical simulation of thermal residual stress in Mo-and FeAl-toughened Al_2O_3 [J]. Composites Part B: Engineering, 2006, 37 (6): 550-555.

[82] 宋杰光，王瑞花，李世斌，等. Al_2O_3/Fe 金属基复合材料的制备工艺及性能研究 [J]. 兵器材料科学与工程，2016，39 (4)：39-42.

[83] 周玉成. 自生 Al_2O_3 增强铁基复合材料的研制 [D]. 洛阳：河南科技大学，2011.

[84] 张伟，石干，杨德林，等. Al_2O_3/Fe 纳米复合粉体的制备及其陶瓷的性能研究 [J]. 硅酸盐通报，2010，29 (4)：810-814.

[85] GUICHARD J L, TILLEMENT O, MOCELLIN A. Preparation and characterization of alumina-iron cermets by hot-pressing of nanocomposite powders [J]. Journal of materials science, 1997, 32 (17): 4513-4521.

[86] KONOPKA K, OZIEBLO A. Microstructure and the fracture toughness of the Al_2O_3-Fe composites [J]. Materials Characterization, 2001, 46: 125-129.

[87] SCHICKER S, ERNYT, GRACIA D E, et al. Microstructure and mechanical properties of Al-assisted sintered Fe/Al_2O_3 cermets [J]. Journal of the European Ceramic Society, 1999, 19 (13/14): 2455-2463.

[88] ZHANG Z D, FAN R H, SHI Z C, et al. Microstructure and metal-dielectric transition behavior in a percolative Al_2O_3-Fe composite via selective reduction [J]. RSC Advance, 2013, 3: 26110-26115.

[89] 孙凯，张红梅，范润华，等. Fe/Al_2O_3 复合材料的还原制备及其表征 [J]. 稀有金属材料与工程，2013，42 (S1)：165-167.

[90] LIU Y N, CAI X P, SUN Z, et al. A novel fabrication strategy for highly porous FeAl/Al_2O_3 composite by thermal explosion in vacuum [J]. Vacuum, 2018, 149: 225-230.

[91] 陈维平，韩孟岩，杨少锋. Al_2O_3 陶瓷复合材料的研究进展 [J]. 材料工程，2011，3：91-96.

[92] 王志，刘建飞，丁寅森，等 . Fe/Al_2O_3 复合材料的制备和性能 [J]. 材料研究学报，2012，26 (2)：206-210.

[93] LAURENT C H，PEIGNEY A，DUMORTIER O，et al. Carbon nanotubes-Fe-Alumina nanocomposites. Part Ⅱ：Microstructure and mechanical properties of the hot-pressed composites [J]. Journal of the European Ceramic Society，1998，18 (14)：2005-2013.

[94] GONG H Y，YIN Y S，FAN R H，et al. Mechanical properties of in-situ toughened Al_2O_3/Fe_3Al [J]. Materials Research Bulletin，2003，38 (9/10)：1509-1517.

[95] PECHARROMAN C，IGLESIAS J E. Effective dielectric properties of packed mixtures of insulator particles [J]. Physical Review B，1994，49 (11)：7137-7147.

[96] DANG Z M，LIN Y H，NAN C W. Novel ferroelectric polymer composites with high dielectric constants [J]. Advanced Materials，2003，15 (19)：1625-1629.

[97] GAO M，SHI Z C，FAN R H，et al. High-Frequency negative permittivity from Fe/Al_2O_3 composites with high metal contents [J]. Journal of the American Ceramic Society，2012，95 (1)：67-70.

[98] SUN K，FAN R H，ZHANG Z D，et al. The tunable negative permittivity and negative permeability of percolative Fe/Al_2O_3 composites in radio frequency range [J]. Applied Physics Letters，2015，106 (17)：172902.

[99] SHI Z C，FAN R H，YAN K L，et al. Preparation of iron networks hosted in porous alumina with tunable negative permittivity and permeability [J]. Advanced Functional Materials，2013，23 (33)：4123-4132.

[100] 高萌 . 铁磁金属/氧化铝复合材料的制备及其高频性能 [D]. 济南：山东大学，2012.

[101] 潘复生，汤爱涛，李奎 . 碳氮化钛及其复合材料的反应合成 [M]. 重庆：重庆大学出版社，2005.

[102] ZOU Z G，CHEN H Y. Mechanism，properties and microstructure of titanium carbide-iron metal-ceramic from ilmenite by in-situ carbothermic reduction [J]. Materials Science Forum，2003，423：287-292.

[103] 汤爱涛 . 用钛铁矿制备铁基 Ti(C,N) 复合材料的组织控制和工艺优化 [D]. 重庆：重庆大学，2004.

[104] DANEWALLIA S S，KAUR S，BANSAL N，et al. Influence of TiO_2 and thermal processing on morphological，structural and magnetic properties of Fe_2O_3/MnO_2 modified glass-ceramics [J]. Journal of Non-crystalline Solids，2019，513：64-69.

[105] COLEY K，TERRY B，GRIEVESON P. Simultaneous reduction and carburization of ilmenite [J]. Metallurgical and Materials Transactions B，1995，26 (3)：485-494.

[106] CHEN X H, ZHAI H G, WANG W J, et al. A TiC_x reinforced Fe (Al) Matrix composite using in-situ reaction [J]. Progress in Natural Science: Materials International, 2013, 23 (1): 13-17.

[107] MIKI T, ISHII K. Decomposition behavior of Fe_3C under Ar atmosphere [J]. ISIJ International, 2014, 54 (1): 29-31.

[108] SATO K, NOGUCHI T, MIKI T, et al. Effect of Fe_3C carburzation and smelting behavior of reduced iron blast furnace [J]. ISIJ International, 2011, 51 (8): 1269-1273.

[109] MARQUES V M F, TULYAGANOV D U, AGATHOPOULOS S, et al. Low temperature synthesis of anorthite based glass-ceramics via sintering and crystallization of glass-powder compacts [J]. Journal of the European Ceramic Society, 2006, 26 (13): 2503-2510.

[110] SORENSEN P M, MARTIN P, YUE Y Z, et al. Effect of the redox state and concentration of iron on the crystallization behavior of iron-rich aluminosilicate glasses [J]. Journal of Non-crystalline Solids, 2005, 351 (14/15): 1246-1253.

[111] LEONELLI C, MANFREDINI T, PAGANELLI M, et al. Crystallization of some anorthite-diopside galss precursors [J]. Journal of Materials Science, 1991, 26 (18): 5041-5046.

[112] XIE Z, YANG J. Calculation of solidification-related thermophysical properties of steels based on Fe-C pseudobinary phase diagram [J]. Steel Research International, 2015, 86 (7): 766-774.

[113] RHEE Y W, LEE H Y, KANG S J L. Diffusion induced grain-boundary migration and mechanical property improvement in Fe-doped alumina [J]. Journal of the European Ceramic Society, 2003, 23 (10): 1667-1674.

[114] QIN X Y, CAO R, LI H Q. Fabrication and mechanical properties of ultra-fine grained γ-Ni-$20Fe/Al_2O_3$ composites [J]. Ceramics International, 2006, 32 (5): 575-581.

[115] LIU C X, ZHANG J H, ZHANG X H, et al. Large-scale fine structural alumina matrix ceramic guideway materials improved by diopside and Fe_2O_3 [J]. Ceramics International, 2008, 34 (2): 263-268.

[116] SUN J L, LIU C X, ZHANG X H, et al. Effect of diopside addition on sintering and mechanical properties of alumina [J]. Ceramics International, 2009, 35 (4): 1321-1325.

[117] MULLIN J W. Crystallization [M]. Oxford: Butterworth-Heinemann, 2001.

[118] WAKOH M, SAWAI T, MIZOGUCHI S. Effect of S content on the MnS precipitation in steel with oxide nuclei [J]. ISIJ International, 1996, 36 (8): 1014-1021.

[119] BISWAS K. Principles of Blast Furnace Ironmaking: Theory and Practice [M]. Cootha: Brisbane, 1981.

[120] SIMS C E. The nonmetallic constituents of steel [J]. Transactions of the Metallurgical Society

of AIME, 1959, 215: 367-368.

[121] YAGUCHI H. Manganese sulfide precipitation in low-carbon resulfurized free-machining steel [J]. Metallurgical Transactions A, 1986, 17 (11): 2080-2083.

[122] YIN Y S, GONG H Y, TAN X Y, et al. Study on the interface electron structures of Fe_3Al/Al_2O_3 nano/mirco composite [J]. Journal of Synthetic Crystals, 2003, 32: 99-105.

[123] ZHANG M X, KELLY P M, EASTON M A, et al. Crystallographic study of grain refinement in aluminum alloys using the edge-to-edge matching model [J]. Acta Materialia, 2005, 53 (5): 1427-1438.

[124] SHI Y, LI B W, ZHAO M, et al. Growth of diopside crystals in CMAS glass-ceramics using Cr_2O_3 as a nucleating agent [J]. Journal of American Ceramic Society, 2018, 101: 3968-3978.

[125] LI B W, DENG L B, ZHANG X F, et al. Structure and performance of glass-ceramics obtained by Bayan Obo tailing and fly ash [J]. Journal of Non-crystalline Solid, 2013, 380: 103-108.

[126] CHEN J W, ZHAO H Z, YU J, et al. Synthesis and characterization of reaction-bonded calcium alumino-titanate-bauxite-SiC composite refractories in a reducing atmosphere [J]. Ceramics International, 2018, 44 (13): 15338-15345.

[127] MALDHURE A V, TRIPATHI H S, GHOSH A. Mechanical properties of mullite-corundum composites prepared from bauxite [J]. Internation Journal of Applied Ceramic Technology, 2015, 12 (4): 860-866.

[128] ZHANG H J, HAN B, LIU Z J. Preparation and oxidation of bauxite-based β-Sialon-bonded SiC composite [J]. Materials Research Bulletin, 2006, 41 (9): 1681-1689.

[129] REN B, SANG S B, LI Y W, et al. Effects of oxidation of SiC aggregates on the microstructure and properties of bauxite-SiC composite refractories [J]. Ceramics Internation, 2015, 41 (2): 2892-2899.

[130] 赵立华. 利用钢渣制备高钙高铁陶瓷的基础及应用研究 [D]. 北京: 北京科技大学, 2016.

[131] ZHAO L H, LI Y, ZHOU Y Y, et al. Preparation of novel ceramics with high CaO content from steel slag [J]. Materials and Design, 2014, 64: 608-613.

[132] ZHAO L H, LI Y, ZHANG L L, et al. Effects of CaO and Fe_2O_3 on the microstructure and mechanical properties of SiO_2-CaO-MgO-Fe_2O_3 ceramics from steel slag [J]. ISIJ International, 2016, 57 (1): 15-22.

[133] LIU B, RAABE D, EISENLOHR P, et al. Dislocation interactions and low-angle grain boundary strengthening [J]. Acta Materialia, 2011, 59 (19): 7125-7134.

[134] LANGE R A, NAVROTSK Y A. Heat capacities of Fe_2O_3-bearing silicate liquids, Contrib. Mineral [J]. Contributions to Mineralogy and Petrology, 1992, 110 (2): 311-320.

[135] STEBBINS J F, CARMICHAEL I S E, MORET L K. Heat capacities and entropies of silicate liquids and glasses [J]. Contributions to Mineralogy and Petrology, 1984, 86 (2): 131-148.

[136] BARIN I. Thermochemical Data of Pure Substances [M]. Weinheim: VCH, 1995.

[137] NAKANO S, CHEN X J, GAO B, et al. Numerical analysis of cooling rate dependence on dislocation density in multicrystalline silicon for solar cells [J]. Journal of Crystal Growth, 2011, 318 (1): 280-282.

[138] GAO B, KAKIMOTO K. Three-dimensional analysis of dislocation multiplication in single-crystal silicon under accurate control of cooling history of temperature [J]. Journal of Crystal Growth, 2014, 396: 7-13.

[139] GAO B, NAKANO S, HARADA H, et al. Effect of cooling rate on the activation of slip systems in seed cast-grown monocrystalline silicon in the [001] and [111] directions [J]. Crystal Growth and Design, 2013, 13 (6): 2661-2669.

[140] FROSETH A G, DERLET P M, SWYGENHOVEN H V. Dislocations emitted from nanocrystalline grain boundaries: nucleation and splitting distance [J]. Acta Materialia, 2004, 52 (20): 5863-5870.

[141] SANGID M D, EZAZ T, SEHITOGLU H, et al. Energy of slip transmission and nucleation at grain boundaries [J]. Acta Materialia, 2011, 59 (1): 283-296.

[142] MAITI K, SIL A. Microstructure relationship with fracture toughness of undoped and rare earths (Y, La) doped Al_2O_3-ZrO_2 ceramic composites [J]. Ceramics International, 2011, 37 (7): 2411-2421.

[143] MA B, REN X, YIN Y, et al. Effects of processing parameters and rare earths additions on preparation of Al_2O_3-SiC composite powders from coal ash [J]. Ceramics Znternational, 2017, 43 (15): 11830-11837.

[144] LIU M J, WANG Z, LI Q G, et al. Effects of Y_2O_3 on the mechanical properties of Ti/Al_2O_3 composites of hot pressing sintering [J]. Materials Science and Engineering A, 2015, 624: 181-185.

[145] CHEN H, LI B W, ZHAO M, et al. Lanthanum modification of crystalline phases and residual glass in augite glass ceramics produced with industrial solid wastes [J]. Journal of Non-crystalline Solids, 2019, 524: 119638.

[146] ZHOU H L, FENG K Q, CHEN C H, et al. Influence of CeO_2 addition on the preparation of foamed glass-ceramics from high-titanium blast furnace slag [J]. International Journal of

Minerals, Metallurgy, and Materials, 2018, 25 (6): 689-695.

[147] ZHANG Y, SHI Y, ZHANG X F, et al. Effects of CeO_2 and nano-ZrO_2 agents on the crystallization behavior and mechanism of CaO-Al_2O_3-MgO-SiO_2-based glass ceramics [J]. Chinese Physics B, 2019, 28 (7): 078107.

[148] 吴文远，孙树臣，涂赣峰，等．氧化钙分解人造独居石的反应机理［J］．东北大学学报（自然科学版），2002，23（12）：1158-1161.

[149] 树臣，吴志颖，边雪，等．NaCl-$CaCl_2$ 对氧化钙分解独居石的影响［J］．稀土，2007，28（5）：6-9.

[150] WU C, WANG Z, LI Q G, et al. Mechanical properties and microstructure evolution of Ti/Al_2O_3 cermet composite with CeO_2 addition [J]. Journal of Alloys and Compounds, 2014, 617: 729-733.

[151] LI H X, LI B W, DENG L B, et al. Microwave-assisted processing of graded structural tailing glass-ceramics [J]. Journal of the European Ceramic Society, 2018, 38: 2632-2638.

[152] GAWRONSKI A, PATZIG C, HOCHE T, et al. Effect of Y_2O_3 and CeO_2 on the crystallisation behaviour and mechanical properties of glass-ceramics in the system MgO/Al_2O_3/SiO_2/ZrO_2 [J]. Journal of Materials Science, 2015, 50: 1986-1995.

[153] FABRISD C N, POLLA M B, ACORDI J, et al. Effect of MgO center dot Al_2O_3 center dot SiO_2 glass-ceramic as sintering aid on properties of alumina armors [J]. Materials Science and Engineering A, 2020, 781: 139237.

[154] MARCHI J, MORAIS D S, SCHNEIDER J, et al. Characterization of rare earth aluminosilicate galsses [J]. Journal of Non-crystalline Solids, 2005, 351: 863-868.

[155] LOFAJ F, SATET R, HOFFMANN M J, et al. Thermal expansion and glass transition temperature of the rare-earth doped oxynitride glasses [J]. Journal of the European Ceramic Society, 2004, 24 (12): 3377-3385.

[156] WU J S, STEBBINS J F. Temperature and modifier cation field strength effects on aluminoborosilicate glass net work structure [J]. Journal of Non-crystalline Solids, 2013, 362: 73-81.

[157] RUFFLE B, BEAUSILS S, DELUGEARD Y, et al. Experimental study of the liquid-glass transition in an inorganic polymer $Li_{0.5}Na_{0.5}PO_3$ [J]. MRS Online Proceeding Library Archive, 1996, 407: 155-160.

[158] CHEN P L, CEN I W. In-situ alumina/aluminate platelet composites [J]. Journal of the American Ceramic Society, 1992, 75 (9): 2610-2612.

[159] NAGA S M, EI-MAGHRABY H F, AWAAD M, et al. Preparation and characterization of tough cerium hexaaluminate bodies [J]. Materials Letters, 2019, 254: 402-406.

[160] DUTTA S K, MUKHOPADYAY A K, CHARKRABORTY D. Assessment of Strength by Young's Modulus and Porosity: A Critical Evaluation [J]. Journal of the American Ceramic Society, 2005, 71 (11): 942-947.

[161] WANG F H, ZHENG X L, LU M X. On the strength of ceramics with cavities [J]. International Journal of Fracture, 1995, 70 (1): R19-R22.

[162] KALMIN I L. Strength and elasticity of white wares: Relation between flexural strength and elasticity [J]. American Ceramic Society Bulletin, 1967, 12: 1174-1177.

[163] LIANG X F, LI H J, WANG C L, et al. Physical and structural properties of calcium iron phosphate glass doped with rare earth [J]. Journal of Non-crystalline Solids, 2014, 402: 135-140.

[164] OHASHI M, NAKAMURA K, HIRAO K, et al. Formation and properties of Ln-Si-O-N glasses [J]. Journal of the American Ceramic Society, 1995, 78 (1): 71-76.

[165] RAMESH R, NESTOR E, POMEROY M J, et al. Formation of Ln-Si-O-N glasses and their properties [J]. Journal of the European Ceramic Society, 1997, 17 (15/16): 1933-1939.

[166] HASSELMAN D P H. Relation between effects of porosity on strength and on Young's modulus of elasticity of poly crstalline ceramics [J]. Journal of the American Ceramic Society, 2006, 46 (11): 564-565.

[167] PRASAD S L A, MAYURAM M M, KRISHNAMURTHY R. Response of plasma-sprayed alumina-titania composites to static indentation process [J]. Materials Letters, 1999, 41 (5) 234-240.

[168] BAO Y W, WANG W, ZHOU Y C. Investigation of the relationship between elastic modulus and hardness based on depth-sensing indentation measurements [J]. Acta Materialia, 2004, 52 (18): 5397-5404.

[169] OLIVER W C, PHARR G M. An improved technique for determining hardness and elastic modulus using load and displacement sensing indentation experiments [J]. Journal of Materials Research, 1992, 7 (6): 1564-1583.

[170] ZENG K, SODERLUND E, GIANNAKOPOULOS A E, et al. Controlled indentation: A general approach to determine mechanical properties of brittle materials [J]. Acta Materialia, 1996, 44 (3): 1127-1141.